U0351599

図解でわかるプラスチック
澤田和弘　SBクリエイティブ株式会社　2008

著 者 简 介

泽田和弘

1947年生于日本大阪。1970年开始在母校大阪教育大学任职，现任职于教职教育研究开发中心，并兼任实践学校教育讲座（研究生院）教授。专业是物理化学和化学教育，参与编写过《自由研究指导手册》（东京书籍）、《小学四、五、六年级新理科教科书》（文一综合出版）、《有趣的理科科学100个问答》（明治图书）、《趣味实验及制造大全》（东京书籍）等。

近藤企划（近藤久博）

美术指导、设计。

近藤企划（NECO）

封面绘制。

atelier TRUMP HOUSE（山本 治）

插图绘制。

株式会社 BEEWORKS

制作。

万能材料
塑料中的秘密

〔日〕泽田和弘/著

董 偉 譚 毅/译

科 学 出 版 社

北 京

图字：01-2013-1088号

内 容 简 介

我们几乎每天都会使用塑料瓶、塑料袋等多种塑料制品。你有想过塑料到底是如何制作出来的吗？塑料有怎样的性质呢？塑料瓶是如何循环再利用的呢？从日常生活到尖端科技，塑料都有哪些重要用途呢？本书将带你走进这个神奇的塑料世界。

本书适合热爱科学、热爱生活的大众读者阅读。

图书在版编目（CIP）数据

万能材料　塑料中的秘密 /（日）泽田和弘著；董伟，譚毅译．—北京：科学出版社，2014.6（2020.1重印）
（“形形色色的科学”趣味科普丛书）
ISBN　978-7-03-039854-3

Ⅰ.万…　Ⅱ.①泽…②董…③譚…　Ⅲ.①塑料-普及读物
Ⅳ.①TQ32-49

中国版本图书馆 CIP 数据核字（2014）第 034139 号

责任编辑：石　磊　杨　凯 / 责任制作：胥娟娟　魏　谨
责任印制：张　伟 / 封面制作：铭轩堂
北京东方科龙图文有限公司 制作
http://www.okbook.com.cn

科学出版社 出版
北京东黄城根北街 16 号
邮政编码：100717
http://www.sciencep.com
北京虎彩文化传播有限公司 印刷
科学出版社发行　各地新华书店经销
*
2014 年 6 月第　一　版　开本：A5（890×1240）
2020 年 1 月第二次印刷　印张：6 1/2
字数：120 000
定　价：45.00 元
（如有印装质量问题，我社负责调换）

丛 书 序

感悟科学，畅享生活

如果你一直在关注着“形形色色的科学”趣味科普丛书，那么想必你对《学数学，就这么简单！》、《1、2、3！三步搞定物理力学》、《看得见的相对论》等理科系列的图书和透镜、金属、薄膜、流体力学、电子电路、算法等工科系列的图书一定不陌生！

“形形色色的科学”趣味科普丛书自上市以来，因其生动的形式、丰富的色彩、科学有趣的内容受到了许许多多读者的关注和喜爱。现在“形形色色的科学”大家庭除了“理科”和“工科”的18名成员以外，又将加入许多新成员，它们都来自于一个新奇有趣的地方——“生活科学馆”。

“生活科学馆”中的新成员，像其他成员一样色彩丰富、形象生动，更重要的是，它们都来自于我们的日常生活，有些更是我们生活中不可缺少的一部分。从无处不在的螺丝钉、塑料、纤维，到茶余饭后谈起的瘦身、记忆力，再到给我们带来困扰的疼痛和癌症……“形形色色的科学”趣味科普丛书把我们身边关于生活的一切科学知识，活灵活现、生动有趣地展示给你，让你在畅快阅读中收获这些鲜活的科学知识！

科学让生活丰富多彩，生活让科学无处不在。让我们一起走进这座美妙的“生活科学馆”，感悟科学、畅享生活吧！

前　　言

笔者与塑料的缘分，是从参与导师的研究项目“塑料晶体”开始的。大家可能第一次听到这个名称。实际上，“塑料晶体”并不是“塑料的晶体”，而是“具有塑料性质的晶体”。当然，塑料一词既有本书的主题——塑料“plastic”的意思，又有表示物质所具有的“可塑性”的意思，也就是像湿的黏土那样具有可以自由改变形状的性质。

提起“晶体”，大家大概会想到如砂糖、冰块之类的块状固体。但是与一般的固体不同，这个“塑料晶体”具有液体的性质。例如，我们把这个晶体放入研钵中，要把它磨碎。可是当我们用研磨棒用力研磨它时，晶体就会变成黏黏的固体。也就是说，当施加力的时候，它的分子会像液体那样移动，因此晶体不能变成粉末状。但是如果我们把这个“塑料晶体”冷却到某一温度，它就会变成具有不同性质的另一种物质，即可以被研磨成粉末状的一般固体。

也就是说，“塑料晶体”是一种拥有流动性的特殊固体，而且是只有特殊形态的分子才表现出这种状态。这种物质本身无法成为制作塑料制品的材料，但是由于这种物质的可塑性有助于初期的塑料——赛璐珞的加工，所以它曾被用作软化赛璐珞的添加剂。这种添加剂就是“樟脑”。

实际上，樟脑也是一种“塑料晶体”，不过赛璐珞的研发者是否知道就不得而知了。或许是在材料加热制成产品时，樟脑非常偶然地变成了“塑料晶体”，从而提高了材料加工性能吧。

形成樟脑一类的“塑料晶体”的分子形状有一个共同点，即“回转椭圆体”。也就是说，如果切剖分子，其横截面都是“椭圆形”或“圆形”。因为原子是球形的，我们可能会觉得这样的分子形状应该很常见，其实，这种形状是很稀少的。

最后，再讲一件关于“塑料晶体”的事情。还有一种与这种晶体同样具有流动性的固体。这种固体的分子只以细长单薄的形态出现，它也是在19世纪后半叶被发现的。但到20世纪五六十年代人们才发现，对这个物质加以电场，也就是当有电压或电流通过时，分子的排列方式会发生改变，这一性质很快被应用并制作成产品。这些产品就是以超薄电视机为代表的显示器。没错，这种物质就是“液晶”，英文中用“liquid crystal”来表示。实际上，这种物质也与塑料制品有关，但它与樟脑不同，它是一种软化温度高、性能优异的材料，即新型塑料材料——“液晶高分子”。

笔者在研究塑料晶体性质的过程中，对塑料制品的加工方法、材料等很感兴趣，并搜集了很多相关资料。此外，塑料与我们的生活息息相关，不可或缺，但让笔者深感意外的是我们并不了解塑料带给我们的好处和坏处，并且在学校也没有塑料方面的学习内容。于是在10年前，我利用网络制作了在当时比较少见的网上教材，并试着发表了。在这本教材中，我站在非塑料原料、加工专业的普通化学家的立场，从一般读者的视角，对塑料的知识进行了讲解。

利用制作网络教材的经验，我们尽力使本书更通俗易懂。

最后，在本书的编辑过程中，笔者得到了编辑部中右文德先生的很多帮助。执笔过程中，很多人士提供了资料和照片，插画家也为书中附上插画并精雕细琢。在此，笔者要向各位参与人员表示深深的谢意。

泽田和弘

万能材料 塑料中的秘密

塑料瓶是如何制作出来的?它真的可以被循环利用吗?

目 录 CONTENTS

第1部分
塑料到底是什么?
神奇的性质与研发过程

第2部分

塑料都有哪些用途？

最新的技术催生多种多样的用途

CONTENTS

第1部分

塑料到底是什么？

神奇的性质与研发过程

1.1 塑料是什么物质？

本书中所介绍的**塑料**是什么样的物质呢？通常物质都是由分子、原子组成的。我们身边最常见的水，就是由一个氧原子和两个氢原子组成的“水分子”的集合。还有，燃烧东西生成的二氧化碳气体是由两个氧原子和一个碳原子组成的“二氧化碳分子”的集合。在本书中把由几个到100个左右的原子构成的分子称为“**小分子**”，所以可以说水和二氧化碳是小分子的集合。与此相对，金属是由金属原子集合而成的。

那么塑料属于哪种呢？塑料和水、二氧化碳一样，是由分子集合而成的物质，但跟水与二氧化碳等物质稍微有些区别。这种区别在于分子的大小。实际上，组成塑料的分子是由几万到几十万个原子结合而成的“**大分子**”，而且分子的形状也不同。通过观察分子，就会发现它是由相同形状的几千到几万个分子重复组成的，就像**图1–1**所示的把曲别针一个个连起来那样。

塑料有很多种类，名称不同，其重复分子的形状不同，重复次数也不同，但是相同的一点是“**组成塑料的分子是非常大的分子**”，而且基本上所有的塑料分子的骨架中“**都含有碳原子**”。

综上所述，塑料可以说是“许许多多同样形状的、包含有碳原子的大分子的集合”。

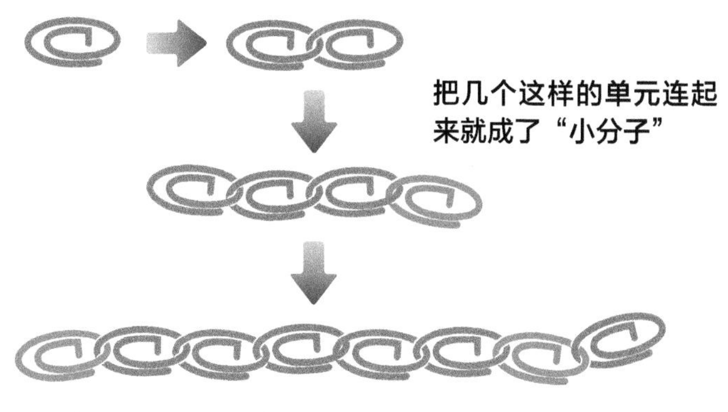

图1-1　把塑料分子比作曲别针

1.2　塑料瓶是如何制作的?

我们身边到处都是塑料制成的产品。这些产品是怎样制成的呢？塑料瓶是我们身边常见的塑料制品的一种，这里我们就以塑料瓶为例，介绍一下塑料制品的制作方法。

塑料瓶的需求量很大，因此需要用被称作成型机的机器进行加工。或许是因为同时加工瓶嘴的硬质部分和瓶身的软质部分有些困难，从原料开始加工成塑料瓶要分为两个阶段。

塑料的原料是被切成几毫米大小的“**小片**”。先用它制作出坚硬的瓶嘴部分。通过一种叫“喷射成型机”的机器，把原料从细孔中挤出。由于小片是碎片，通过加热使它变稠变软，然后通过加压把它挤出。在出口处有瓶嘴形状的金属模具。施加压力将其压入这个金属模具的狭小空间里。这称为“**预成型**”，制作出的是瓶嘴形状像试管一样的东西。

接下来就是将预成型的东西加工成我们常见的瓶子的形状。使用具有瓶子形状的金属模具，将再次加热软化的预成型品放入其中。用金属棒将它沿纵向伸长，接着充入压缩空气，将其与金属模具紧贴。最后冷却成固态而完成。

其他的塑料制品也与塑料瓶一样，先加热软化原料，然后就可以加工成产品的形状。

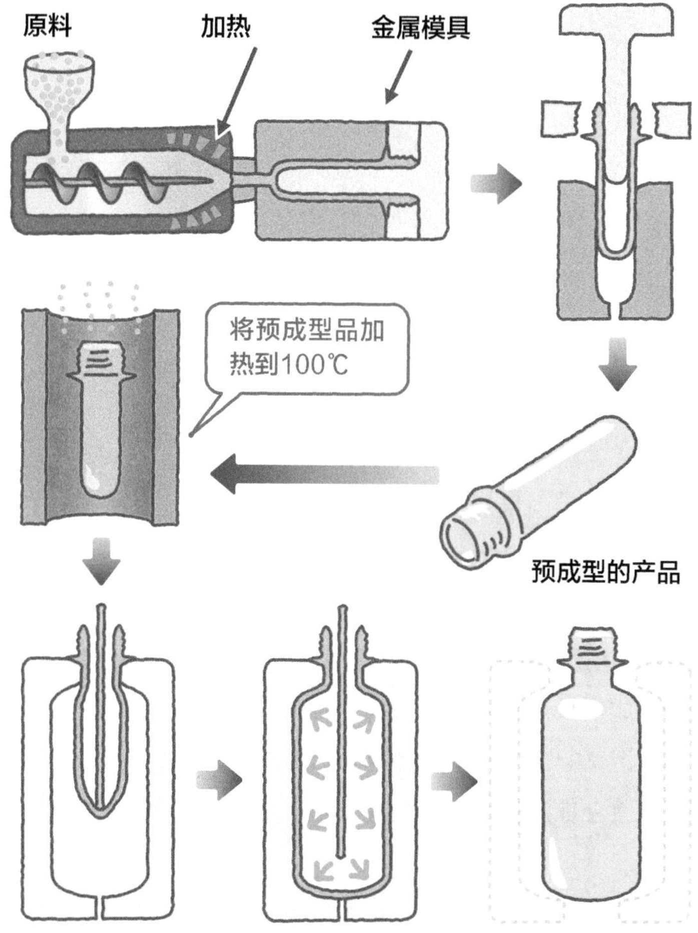

参照PET塑料瓶再利用推进协议会主页（http://www.petbottle_rec.gr.jpl）

图1–2　塑料瓶的制作方法

1.3 加热塑料瓶会发生什么？（实验篇）

为了更方便地饮用塑料瓶中的饮品，我们一般都是带着塑料瓶直接用冰箱冷却或者用器皿加热。那么，只加热空的塑料瓶的话会发生什么呢？

让我们做个实验吧。首先为了加热方便只使用塑料瓶的底端部分。为了避免着火，我们不用燃气而用没有火焰的电热器。还有，因为把塑料瓶直接放在电热器上观察不太容易，所以在下面可以垫上铝箔。我们用电子温度计测量温度。

打开电热器，慢慢加热塑料瓶。刚超过100℃时瓶子也没发生什么变化。当接近180℃的时候稍微起了些变化，与铝箔接触的部分慢慢变大，被加热空气无法溢出的中央部分开始出现雾气。再将温度升到190℃以上时，现象变得更明显了。

我们用准备好的玻璃棒向铝箔底部施压，会发现底面变得非常皱。如果只是看着很难发现这种变化，但若用了玻璃棒就会变得非常清楚。把压着的玻璃棒慢慢地往上挑，棒上附着的有黏性的东西就会像液体一样被拉长。但是如果冷却之后液体就会变成固体。

进一步升高温度，塑料就会逐渐变成像油一样的液体，并且最终会全变得像油一样，而且一部分会变黑并释放出有刺鼻气味的烟。再继续加热塑料瓶会很危险，因此必须关掉电热器的电源。关掉电源后，像油一样的地方立刻会变成糊状的固态，而变黑的部分直到50℃才会凝固。

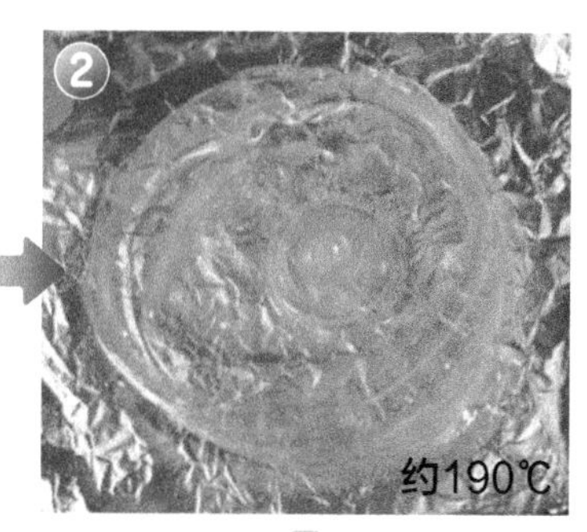

把剪过的塑料瓶（①）加热到190℃，
瓶子从底部开始就变成糊状（②）

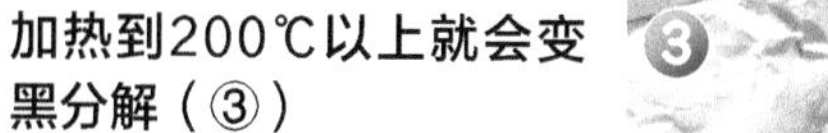

加热到200℃以上就会变
黑分解（③）

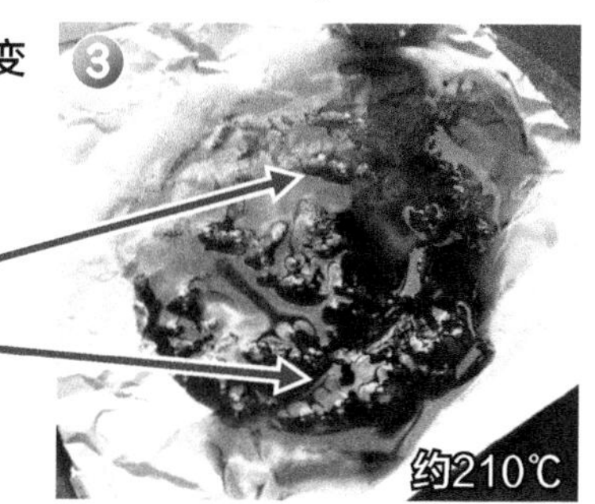

如果进行冷却，还没有分解的部
分会变成白色糊状固体（④）

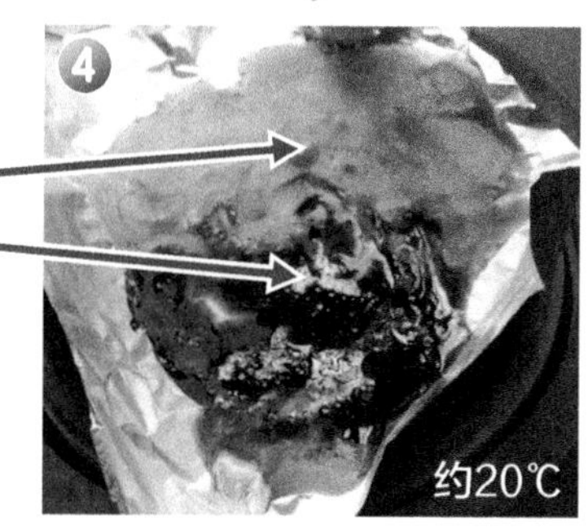

（注意）这个实验会释放出具
有强烈刺激性气味的气体，请
不要尝试

图1–3　将塑料瓶逐渐加热

让我们总结一下实验的结果吧。

① 100℃的时候没有变化。

② 接近190℃时开始变成糊状。

③ 糊状物质可以拉长，但冷却后会变成固态。

④ 进一步加热，整体会变成像液体一样的东西，其中一部分变黑并开始分解。

塑料瓶的侧面与底部相比散热容易，温度理应较低。如果是这样，那么这个温度就可能不够准确。这里，我们用不容易产生温度差的碎片来修正实验。

首先将塑料瓶的原料切成大约5mm的碎片。加热到150℃的时候碎片就开始熔化，比塑料瓶的熔点明显低一些。看来散热困难的碎片会在更低的温度下开始变化。进一步加热到180℃，大部分碎片都熔化成糊状，于是用玻璃棒接触并试着引拉，会拉成很好的丝状，但是拉出的丝会很快冷却凝固。

接着，我们用自行车上使用的密码锁碾压已成糊状的部分。由于锁很难固定，所以只能关掉电热器。我们会发现，糊状的碎片开始从外围变硬并变成不透明的固体。碎片在比开始变成糊状的180℃稍微高一点的温度时变成了固态，把手拿开后会发现密码锁被固定住了。轻轻地提起锁后，会发现在锁压住的地方留下了锁的形状。

把玻璃棒抵压到糊状的碎片上时，碎片会涌上来

提起玻璃棒，会变得像拉丝一样，然后凝固

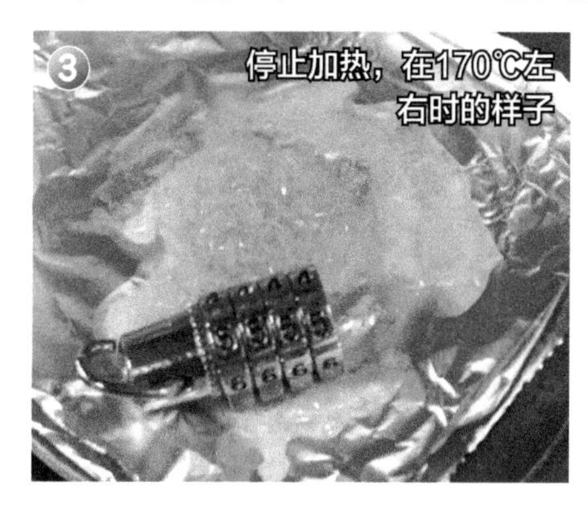

按压密码锁并停止加热，立刻会变成白色的浑浊固体

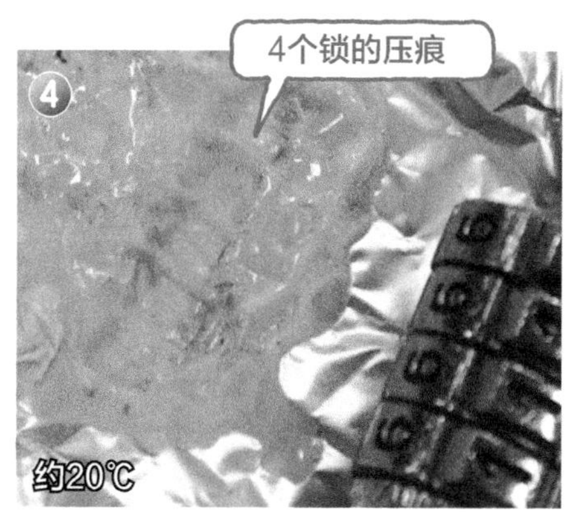

冷却下来之后，把锁从固体上取下来，锁会在固体上留下清楚的痕迹

图1-4　**凝固后会留下痕迹**

1.4 既可变软又可凝固是塑料独有的性质吗？

就像前面的实验所看到的，无论是塑料瓶的底部还是细碎片，加热就会变成液态，冷却后又变成固体、恢复到原来硬的状态，像这样由温度引起的状态变化，是“塑料”这种物质所共有的性质。那么非塑料的其他物质又会怎么样呢？

实际上玻璃也具有相同的性质。把原料玻璃加工成杯子、瓶子等产品时，需要把炉中温度加热到1000℃左右。然后把这种加热到高温的原料充入金属模具鼓入空气，这样就可以大批量生产杯子和瓶子了。除此之外还有制造玻璃的师傅通过吹气一个一个加工出来的手工制品。另外，作为窗用的玻璃板，是把加热到高温的原料流入两个辊子中间挤压拉伸成既大又薄的形状制成的。塑料的薄布或薄膜也是采用这种做法。两者的做法之所以这么相似是因为塑料的制法是模仿玻璃的。

加工玻璃制品或塑料时所用原料的“糊状可变形，冷却后变成固态”的性质在专业中被称为“**可塑性**”。可塑性在英文中写作“plastic”，语源为希腊语中的“**塑造**”（plastikos）。也就是说，塑料一词是从“可塑性”而来的词。

还有一点供大家参考：以塑料瓶为代表的塑料被加热才会显示出可塑性。这种性质被称为“**热塑性**”（thermoplastic），具有热塑性的塑料，学名为“热塑性塑料”。

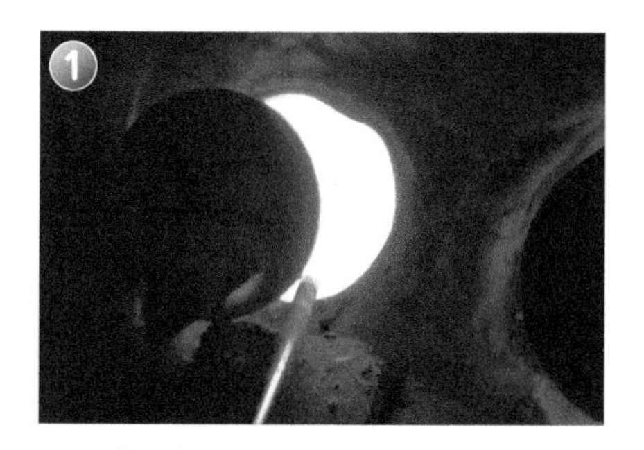

将金属棒的前端伸入在炉中已经熔化的玻璃原料中

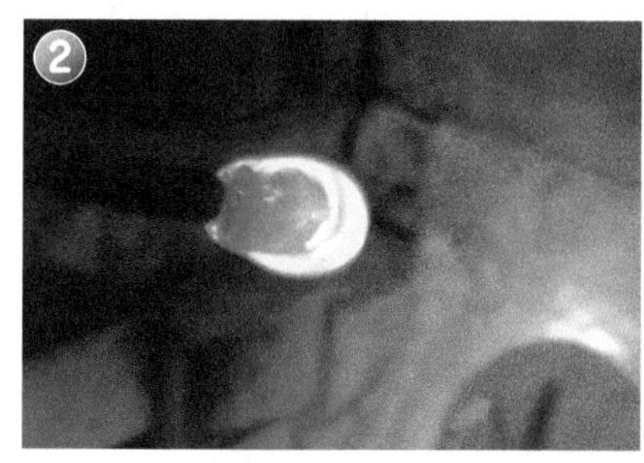

向金属棒中充入空气，使熔化的原料鼓起来

使用工具修形

这是手工玻璃制品的制作过程。可以制作不同形状的产品

照片①②③的提供：川合玻璃
（http://homepage2.nifty.com/gallala/）

图1-5　手工玻璃制品

1.5 可塑性是如何产生的?

制作塑料和玻璃制品时所利用的可塑性，是怎么产生的呢?

以先被发明的玻璃为例说明。玻璃与石英相同，是被称为“**二氧化硅**”的矿物质。但是二氧化硅与拥有规则结构的石英不同，玻璃中的原子排列混乱。如果把这种区别用平面图来表示，就会看到石英的内部结构是硅和氧排成形状整齐的六边形，而玻璃的内部是排列混乱的。

对于高温的玻璃来讲，热量使原子运动变得活跃，由硅和氧组成的无规则的骨架（骨骼）变得很松弛。如果用金属棒等插入这种松动的骨架，或者是拉动它，骨架就会随之变形。反过来如果冷却，原子运动就会停止，变形的骨架就会被固定。这就是可塑性（具体来说是热塑性）产生的原因。

另外，在塑料中，那些被拉得细而长的分子相互纠缠，形态就像“海蕴醋”里的海蕴一样。因为海蕴是一种黏滑的海草，它杂乱排列着的样子就和塑料中排列着的分子一模一样。只不过塑料里不含有像醋一样的液体。

加热塑料就像摇晃装着海蕴的容器一样。即使摇晃容器，纠缠在一起的海蕴也不会怎么动。因此，用金属棒插入装着海蕴的容器，海蕴表面就会凹下去。保持这样的状态迅速冷却使醋定型，凹进去的形状就会被固定住。这就和加热塑料然后冷却，使分子的运动停止进而固定形状一样。

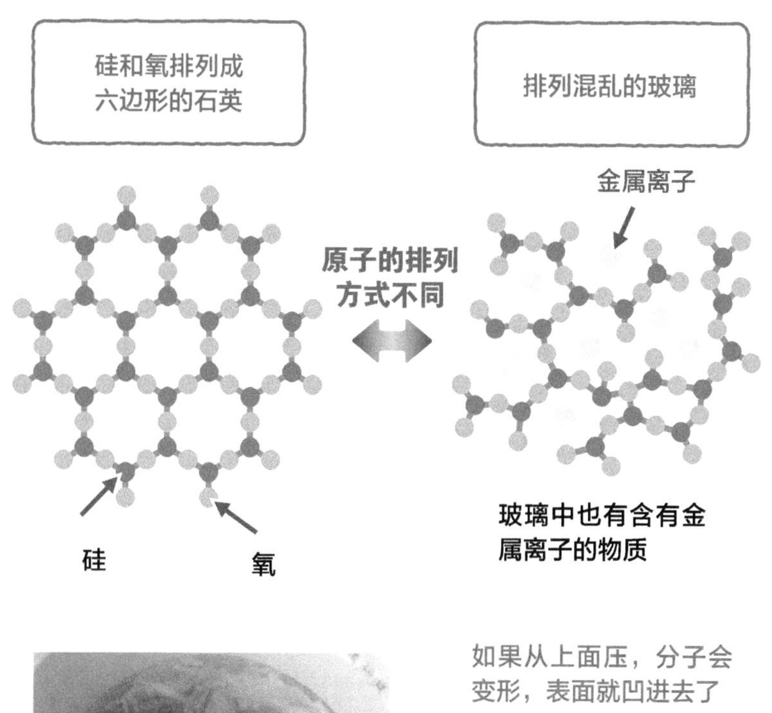

海蕴醋的照片。海蕴的样子和塑料分子的排列样子一样。与分子的不同点是，它们大小不均

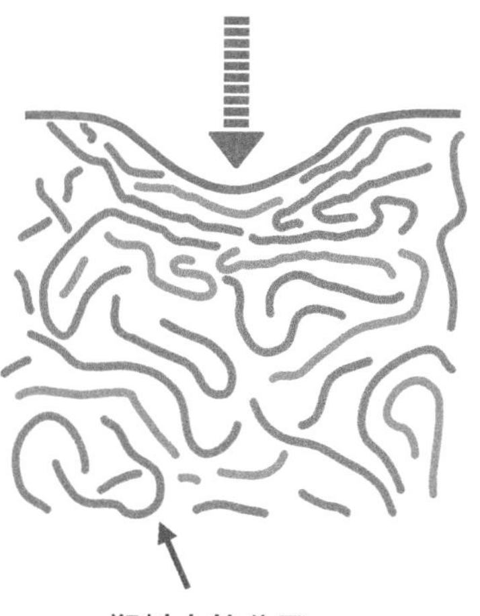

图1-6　可塑性是如何产生的?

1.6 可塑性与温度有什么关系？

我们知道可塑性是随着温度的变化而变化的。一般来说，用手来弯塑料制的圆珠笔，笔杆很硬是弯不动的。进一步用更大的力强行弯，会发生什么呢？或许笔杆就会断掉。这样是无法加工产品的。但是如果把笔杆加热到100℃左右，即使用很小的力笔杆也能发生变形，笔杆冷却后又会再次变硬，不再变形了。这就是**可塑性**。

加工制作塑料等制品的时候也需要加热原料，而表现出可塑性的温度依原料种类而不同。既有像圆珠笔的笔杆那样在100℃左右的低温时就变形的原料，也有像玻璃那样在几百摄氏度的高温时才会变形的原料。温度不同的原因是组成原料的“分子”以及“分子的聚集方式”不同。也就是说，分子越“**强有力地缠结在一起**”或者“**形成的立体结构越牢固**”，显现出可塑性的温度越高。

只是描述有些难以想象，我们可以作个图。**图1-7**中的两根线分别代表不同的原料。黑线代表“由微小的力引起的变形量”，越往线的上面，变形越容易。红线表示“引起微小变形量所需要的力”，越往线的下面，变形所需要的力越小，越容易变形。

这两根线都在**两个温度内大幅变化**。可塑性在低温部分显现，到高温部分结束。与塑料瓶的实验结果相对应，可以认为碎片开始变黏稠的150℃是低温部分，超过200℃开始发黑变色的是高温部分。

圆珠笔的笔杆（左）和加热后弯曲的笔杆（右），塑料被加热后就会变软

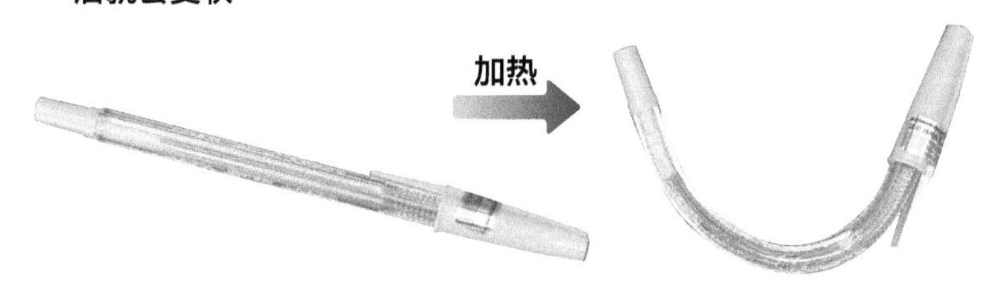

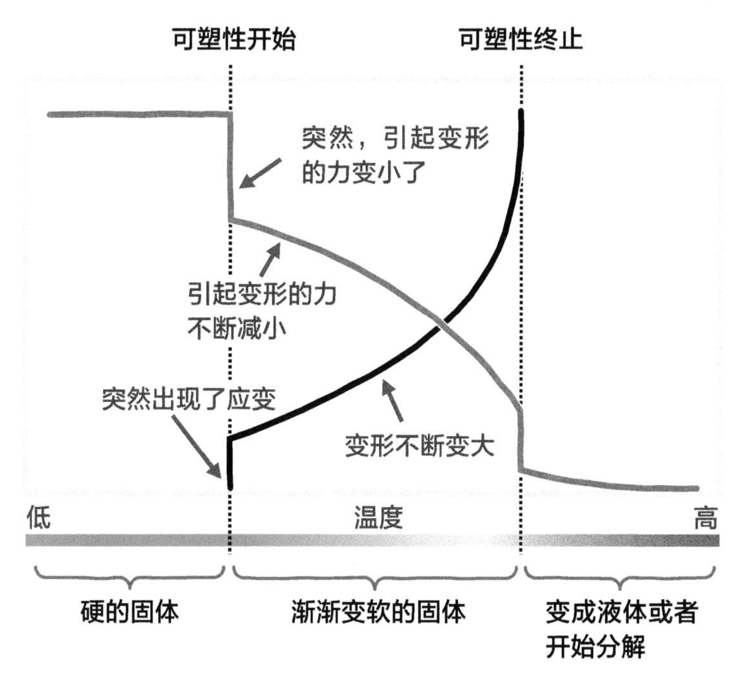

物体受力时的变化图

红线表示引起变形所需要的力的大小的变化，黑线表示物体变形量的变化。物体以这两个温度为界限，由力引起物体变化的方式也发生改变。这种变化被称为“热塑性”

图1-7　可塑性是什么样的性质

1.7 黏土和塑料的可塑性有何差别？

塑料、玻璃制品是利用加热原料表现出来的可塑性制作而成的。这种可塑性就是在两个温度之间表现出来的“热塑性”。所谓可塑性，原来指的是“容易变形、去掉引起变形的力后仍留下形变的性质”。与之相关的词语有“**塑像**”。塑像的代表之一就是过去在图画工作中曾经制作的黏土工艺品。黏土工艺品利用的是黏土的可塑性，但它和塑料的热塑性有不同的原理。让我们来看看吧。

热塑性显现的条件是“温度”，而黏土的可塑性显现的条件是“水”。湿的黏土拥有可塑性，而干的黏土则没有。利用这一点，黏土手艺是把黏土浸湿制作产品，然后再把做好的产品烤干。

那么，两种可塑性原理上的不同，又是什么呢？塑料是通过加热原料，使缠结在一起的分子的运动变得活跃，从外部强制性地使变得容易移动的分子移动，然后再降低温度，使移动后的分子固定。

外部施加的力也能够强制移动黏土的分子，但由黏土分子构成的“**物质的结构**”与塑料不同。塑料的内部是被拉长的分子互相缠结的结构，而黏土中则是两种分子相互重叠的结构，而且这两种的夹层中还充满了水。由于水使两层之间的滑移变得容易，所以湿的黏土可以在较小的作用力下变形，但是如果黏土变干燥，两层之间就会变成硬固态，再使其变形就变得困难了。

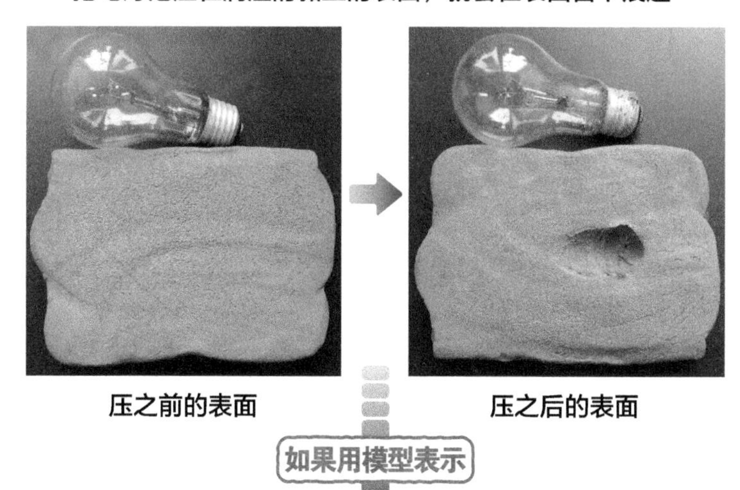
把电灯泡压在润湿的黏土的表面，就会在表面留下痕迹
压之前的表面
压之后的表面
如果用模型表示

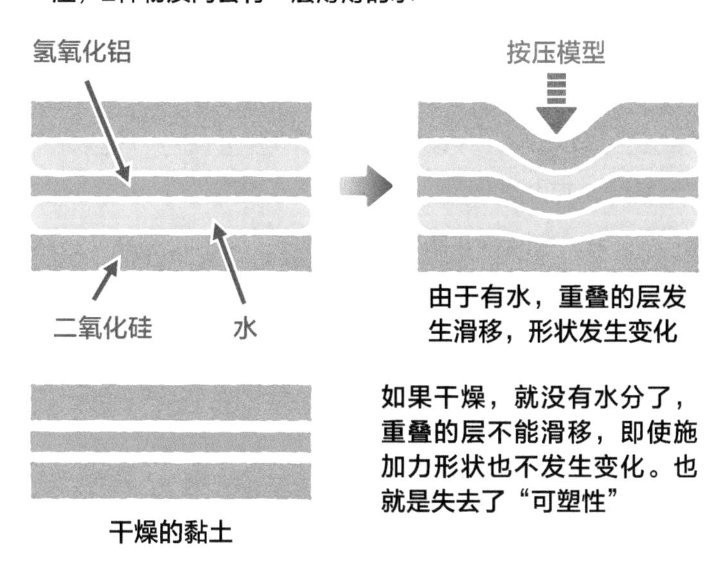
黏土是由2种不同的物质重叠堆积构成的。如果将黏土润湿，2种物质间会有一层薄薄的水
氢氧化铝
按压模型
二氧化硅
水
由于有水，重叠的层发生滑移，形状发生变化
如果干燥，就没有水分了，重叠的层不能滑移，即使施加力形状也不发生变化。也就是失去了“可塑性”
干燥的黏土

图1-8　**黏土的可塑性**

1.8 塑料的可塑性都是相同的吗?

加工塑料制品时利用的可塑性，在每种塑料中都是相同的吗？

按照分子的形状，我们可大致把塑料分为两类。一类是细长的丝一样的分子，还有一类是立体形状的分子。例如，塑料瓶的原料是由丝一样形状的分子构成的，而熨斗的把手、电器上的按钮等硬的结实的塑料，是由立体形状的分子构成的。

只有由无数的丝一样的分子构成的塑料才具有热塑性，这就是“热塑性塑料”。

与此相对地，熨斗的把手、按钮等的原料的塑料即使加热也不会变软，反而会变硬，也就是没有热塑性，这种塑料被称为“**热固性塑料**”。

要加工热固性塑料该怎么做呢？热塑性塑料是以“大分子”为原料，而热固性塑料用的是“小分子”。小分子变成大分子后热塑性就消失了，因此我们把小分子的原料充入产品的金属模具中。如果在金属模具中加热，小分子就结合变成大分子了。变大的分子变成硬而结实的立体形状，塑料也就被固定成产品的形状了。

塑料中既有加热后变软的，也有加热后变硬的，真是不可思议，其实这是由原料的不同引起的。

具有热塑性的塑料中聚集着很多被拉长的分子。如果加热塑料，这些分子会变成各种各样的形状，因而会变软

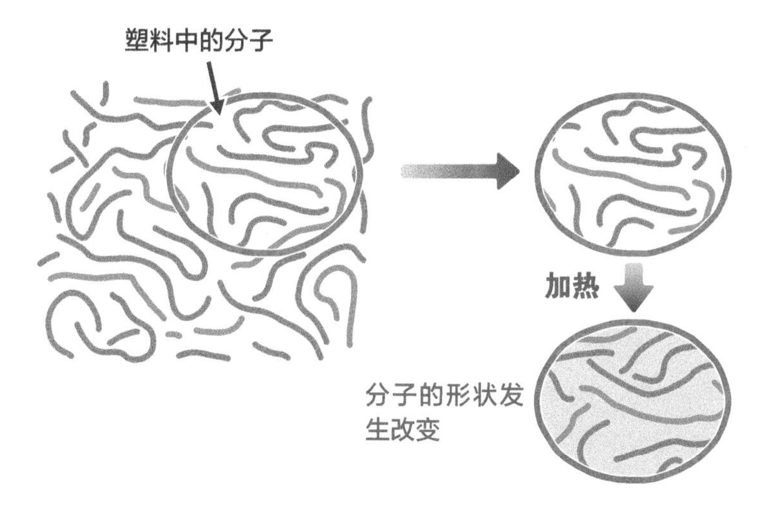

如果分子发生缠结，分子全体就无法动弹了，无法产生热塑性。这样的塑料被称为热固性塑料

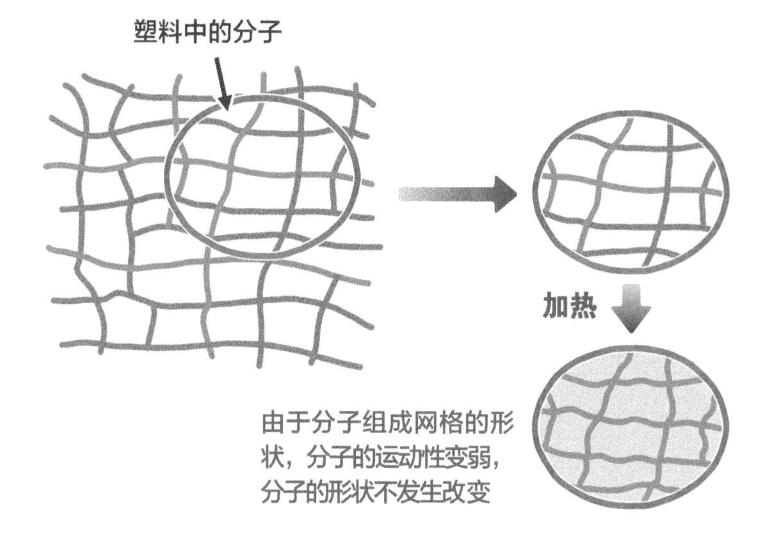

图1-9　可塑性是塑料的必要条件吗?

1.9 PET bottle（塑料瓶）中的PET是什么意思？

PET bottle（塑料瓶）中的PET是什么意思呢？难道是因为塑料瓶的形状很可爱，就和宠物的PET是同一个意思？不是的，它的名字不是从塑料瓶的形状而来，而是从使用的材料而来的，英语写作“PET”。

PET是指**聚对苯二甲酸乙二醇酯**（polyethylene terephthalate）这种化合物，其的缩写是“**PET**”。

本书中还列举了多种多样的塑料，介绍了塑料原料的性质和多种塑料产品。到时会出现很多塑料原料的物质名称和简写符号。这里就让我们稍微了解一下与名称简写相关的基础知识吧。

以塑料瓶的原料，也就是聚对苯二甲酸乙二醇酯为例，首先是开头的“poly”，是大量的、多数的，用来表示事物多少的词语。接着，是作为大分子原料的小分子的名称，也就是被称作对苯二甲酸乙二醇酯的小分子大量地连接在一起组成的大分子（称为**高分子**）。

高分子（polymer）是用来表示许许多多个小分子结合成大分子的科学用语。此外，作为高分子原料的小分子被称作“**单体**”（monomer）。

但是，单体的尺寸也分大小，根据组成高分子的单体的数量不同等因素，分子的大小和形状也是各种各样的。这种分子的多样性决定了塑料制品的多样性。

制作塑料瓶的分子是由很多被称为对苯二甲酸乙二醇酯的形状相同的小分子结合而成的。这里，在分子名称的前面加上表示数量多的聚，于是就被称为聚对苯二甲酸乙二醇酯。其缩写字母，就成了PET

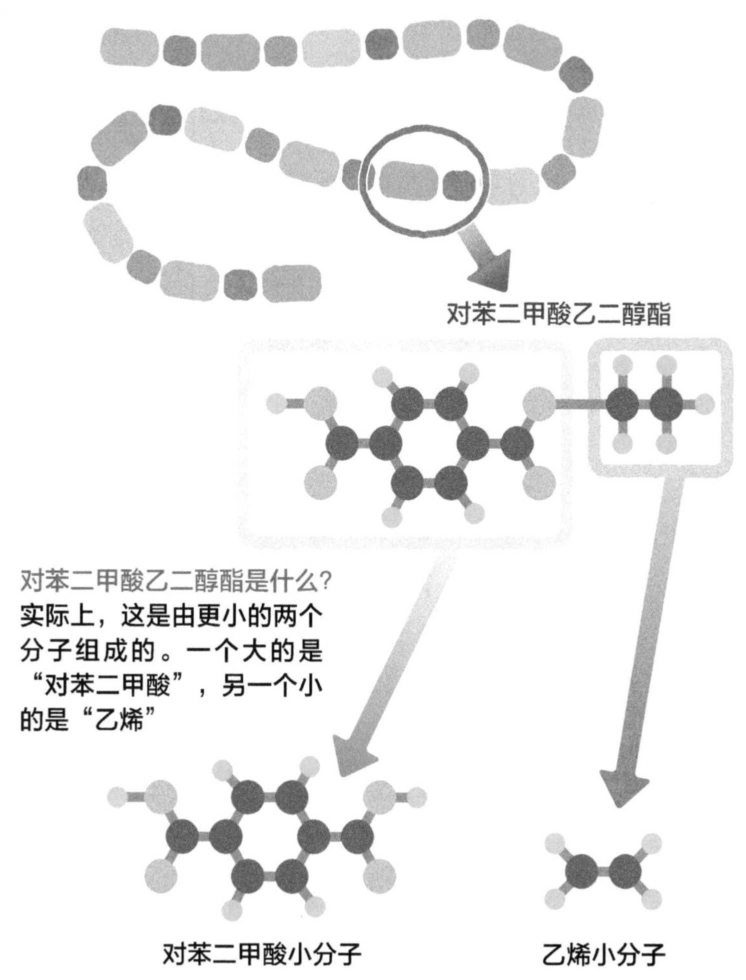

只有乙烯也能成为塑料的原料，如“聚乙烯”

图1-10　PET名字的由来

1.10　塑料的种类

塑料被使用在各种产品中。塑料的原料是以碳原子为骨架的被称作“高分子”的大分子，当然也有例外。这个高分子是由被称为“单体”的小分子连接起来组成的。

以碳为骨架的单体可以比较简单地转变成形状和大小都不同的分子。也就是说用单体连起来的高分子也可以不断地改良为性质不同的分子。因此，以高分子为原料的塑料也有好多种类，至少有70种，多则将近100种。

但是这其中大多数塑料类型是通过改良一部分单体分子，或是转变成多种单体，又或是把单体和其他单体进行交换而得到的类型。此外，还可以做一些如把高分子混合或者把高分子和其他的材料混合等的改良。因此，常见的制作产品的塑料可以归结为30多种。在这里，我们把其中具有代表性的29种塑料的名称、简写和性质总结在**图1–11**中。

像**聚乙烯**、**聚氯乙烯**等，以及名字中带有高分子的分子名称的塑料，我们可以从中了解作为高分子原料的单体。例如，在聚乙烯中，**乙烯**是单体。**图1–11**中所列的名称是正式的化学名称，聚氯乙烯又俗称**氯乙烯树脂**。俗称中的“树脂”是由高分子即塑料的原料所具有的性质得来的。除此之外，也有像“**脲醛树脂**”等带着树脂字眼的塑料的正式名称。

Polymer的名称　正式名称（俗称等）	缩写	特　性
聚乙烯	PE	比水轻。生产量最大。软质、硬质的都有
聚丙烯	PP	密度最低。透明
聚氯乙烯（氯乙烯树脂）	PVC	重于水。不易燃。硬质、软质都有
聚苯乙烯	PS	透明。硬但易裂。也有发泡体
聚对苯二甲酸乙二醇酯（PET树脂）	PET	透明不易裂。易成型
酚醛树脂	PF	加热后硬化。热、电、机械性能好
脲醛树脂	UF	加热后非常硬。便宜不易燃
蜜胺树脂	MF	表面硬、耐热。耐水
不饱和聚酯	UP	常温常压下可成型。机械性能好。和其他材料混合
AS树脂	SAN	PS的改良品。透明。坚硬不易划伤
ABS树脂	ABS	AS的改良品。光泽度、外观好，抗冲击性好
异丁烯树脂（亚克力树脂）	PMMA	比玻璃透明。硬且有光泽。耐水
聚乙烯醇（聚乙醇）	PVAL	一般溶于水。有黏结性。不透氧
聚偏氯乙烯纤维（树脂）	PVDC	透明。耐热耐水。气体难以通过
聚碳酸酯	PC	透明。耐热、特别抗冲击。尺寸性能好
聚酰胺（尼龙）	PA	抗冲击、耐磨。种类多
聚甲醛（甲醛树脂）	POM	不透明。抗冲击、耐磨
聚对苯二甲酸丁二醇酯（PBT树脂）	PBT	不透明。电、机械性能好、和PET是同一种类
氟化乙烯树脂	PTFE	耐热、耐药性强。没有黏结性。种类多
环氧树脂	EP	电、化学、尺寸性能好。有黏结性
饱和聚酯树脂（聚酯树脂）	—	PET、PBT等聚酯系
聚氨酯（聚氨酯树脂）	PUR	黏结性和耐磨性好。有硬质、软质的发泡体
聚丁二烯（聚丁二烯树脂）	BDR	比水轻且透明。有和橡胶相似的柔软性质
EVA树脂	EVAc	比水轻且透明。有和橡胶相似的柔软性质
异丁烯苯乙烯	MS	PMMA的改良品。透明且易成型
聚烃硅氧（硅氧树脂或硅树脂）	SI	耐热、热水、油。可以加工成油、橡胶、固态物质
聚乙酸乙烯酯（乙酸乙烯树脂）	PVAc	70°C左右软化。由热和光引起的劣化小
热塑性聚氨酯（氨酯弹性体）	TPU	耐磨性好。有和橡胶相似的柔软性质
纤维素塑料（纤维素树脂）	—	原料是植物纤维素。种类多

图1-11　主要塑料的名称和特性

1.11 “树脂”从何而来？

小孩子们玩的卡通人物的软树脂人偶的材料是**聚氯乙烯树脂**，其中的“树脂”这个名字从何而来呢？

顾名思义，“树脂”是从树木中得到的“**脂**”。在孩子们中比较流行的捉独角仙甲虫的活动，要在柞树和枹栎的树干中进行吧。这是因为这些树分泌出的树液是它们非常喜欢的东西。树液是树木为了堵住伤口、保护自身而分泌出的有黏性的液体。只是一旦接触空气树液就会变硬，变成被称为“**脂**”的固体。独角仙就是为了这个树液才在夜晚聚集到一起的。

我们也会在生活中用到树液。在日本，松树和漆树非常有名。松树中树脂多的枝干被当做“**火炬**”，而且“**脂**”还被当做“**蜡烛**”使用。此外，过去从中国传来的漆树，人们收集它的液态树脂，去除杂质，就可以当做**漆器的涂膜**和**黏结剂**来使用了。

国家不同生长的树种就不同，因此每个国家的人们所利用的树液也不同。**图1-12**中的照片就是国外利用树脂的一个例子。其中也有黏稠状的类似漆树树液的树脂。这种黏稠状态在塑料制品和原料中也能见到。从这种性质来看，它应该也有像“聚氯乙烯树脂”那样“××树脂”的名字。

还有一些塑料，它们只在原料阶段有黏稠性质，制成产品后，即使再加热也不会变软。像这样的塑料，其中一部分的名字也带有“树脂”。

从树木中采集的有各种各样颜色的天然树脂

苏门答腊达玛树脂

琥珀

sandarac树脂

松脂蜡烛

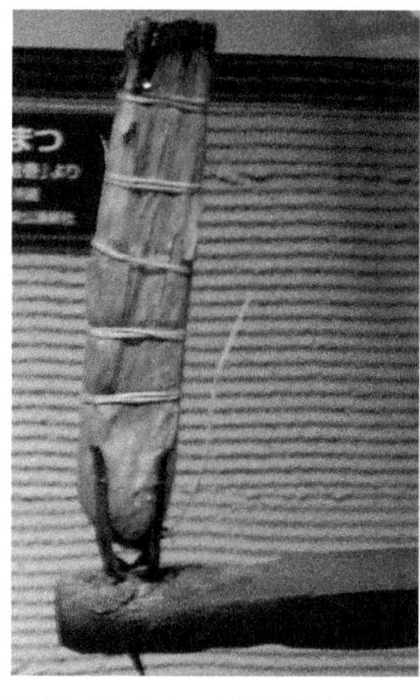

用竹叶包住凝固的松树树脂，在过去的日本农村和渔村被用来照明

柔软的天然树脂

天然树脂中也有黏稠的液状物。照片中是松树树脂的一种，被称为“威尼斯松节油”

由于和天然树脂一样，加热就变成液状，冷却变成固态，因而有的塑料（例如聚氯乙烯树脂等）在名字中加上了“树脂”

图1-12　树脂名字的由来

1.12 人类历史上的第一种合成塑料

大约100年前，人类首次合成了塑料，它就是“**酚醛树脂**”。这种塑料是以**苯酚**和**甲醛**为原料的。苯酚又名“石碳酸”，正如其名，它是从**煤炭**中提取或者合成的物质。甲醛含量为40%的水溶液被称为“**福尔马林**”。福尔马林是被用作杀菌、消毒、防腐的具有特殊气味的液体，浸泡生物标本时经常使用。甲醛也是从煤炭中提取出来的物质。

这样，酚醛树脂就是使用从煤炭中提取合成的原料制得的人类第一种“**合成塑料**”。

100年前，石油和天然气还不是很常见，主要燃料是**图1–13**中的黑色的煤炭。它是由巨大而繁茂的蕨类植物不断腐朽堆积、被封闭至地底深处，并由地热分解得到的。

但是由于煤炭中含有不能分解的成分，燃烧时就会放出有毒气体。把煤炭高温精炼可得到“**焦炭**”，此过程中产生的杂质就是**图1–13**中有黏性的黑色液体——“**煤焦油**”。如果把这种液体随意排放到河流中，会造成非常严重的公害。

人们为了能够有效利用煤焦油进行了大量研究，并用它制出了医药品、人工染料和第一种塑料的原料“苯酚”、“甲醛”等物质。这些物质使人们的生活变得丰富并促进了科学的发展。

第一种人工合成塑料被称为“酚醛树脂”。原料是“苯酚”（左）和“甲醛”的水溶液（福尔马林，右）

由酚醛树脂制成的绝缘板

被挖掘出的煤炭（原炭）

精炼制成焦炭之前的煤炭（原炭）

（引自http://www.museum.kyushu-u.ac.jp/MINE2001/）

黑色成糊状的煤焦油

图样提供：JFE化学

图1-13　酚醛树脂的原料

1.13 谁发明了酚醛树脂?

第一位研制出合成塑料的人，是**列奥·贝克兰**。由于贝克兰在1907年2月申请了相关专利，因而这一年就成了人工合成塑料的发明年。

贝克兰是一个很有头脑的人。他1863年出生于比利时，在比利时的大学学习化学并成为了一名大学老师。后来新婚旅行去了美国，受访问大学教授的邀请留在了美国。随后他在照片公司上班并发明了新的感光纸，他把制造权卖给了现在的柯达，赚了很多钱。

之后，他利用当时刚刚开发的水力发电厂的电力开发合成了氢氧化钠并取得了专利。而后在“酚醛树脂的开发及商品化”等多项事业上取得成功。贝克兰1944年卒于美国。

介绍一些与树脂开发相关的事件吧。实际上有一个叫**史密斯**的人比贝克兰更早地利用相同的原料（苯酚和福尔马林）制作出了类似树脂的物质。但是，历史资料显示他“没有将这种物质商品化”。贝克兰到底知不知道他的研究呢？这就成了一个谜。

酚醛树脂是把原料加热之后制作而成的，而原料都是从煤炭提取合成的，酚醛树脂成为了人类历史上第一种塑料。史密斯发现加热原料会变成油状，不久就变成固态物质，但是这个固体牢牢地粘在容器壁上拿不下来。此时，贝克兰停止加热，取出还在反应中的物质并与粉碎的木棉屑混在一起。他把这些物质放入模具中加热，成功地制成了产品。贝兰克申请这个专利的时间是在1907年。

《时代周刊》（1924年9月22号刊）封面的贝克兰的照片

UNITED STATES PATENT OFFICE.

LEO H. BAEKELAND, OF YONKERS, NEW YORK.

METHOD OF MAKING INSOLUBLE PRODUCTS OF PHENOL AND FORMALDEHYDE.

942,699. Specification of Letters Patent. Patented Dec. 7, 1909.

No Drawing. Application filed July 13, 1907. Serial No. 383,684.

To all whom it may concern:

Be it known that I, LEO H. BAEKELAND, a citizen of the United States, residing at Snug Rock, Harmony Park, Yonkers, in 5 the county of Westchester and State of New York, have invented certain new and useful Improvements in Methods of Making Insoluble Condensation Products of Phenols and Formaldehyde, of which the following is a specification.

In my prior application Ser. No. 358,156, filed February 18, 1907, I have described and claimed a method of indurating fibrous or cellular materials which consists in im- 15 pregnating or mixing them with a phenolic body and formaldehyde, and causing the same to react within the body of the material to yield an insoluble indurating condensation product, the reaction being accel 20 erated if desired by the use of heat or condensing agents. In the course of this reaction considerable quantities of water are

arate or stratify on standing. The lighter or supernatant liquid is an aqueous solution, which contains the water resulting from the reaction or added with the reagents, whereas the heavier liquid is oily or viscous in 60 character and contains the first products of chemical condensation or dehydration. The liquids are readily separated, and the aqueous solution may be rejected or the water may be eliminated by evaporation. The 65 oily liquid obtained as above described is found to be soluble in or miscible with alcohol, acetone, phenol and similar solvents or mixtures of the same. This oily liquid may be further submitted to heat on a water- or 70 steam-bath so as to thicken it slightly and to drive off any water which might still be mixed with it. If the reaction be permitted to proceed further the condensation product may acquire a more viscous character, be- 75 coming gelatinous, or semi-plastic in consistence. This modification of the product

申请专利时提交的论文的标题（从上数第三行）和第一页的一部分

贝克兰和酚醛树脂申请专利的相关资料提供者：岳川有纪子（大阪市立科学馆）

图1-14　酚醛树脂的发明者列奥·贝克兰

1.14 酚醛树脂引起了哪个日本人的注意?

把酚醛树脂应用于产品的日本人是谁呢？对1907年申请专利的酚醛树脂表示关注的日本人是**高峰让吉**，他是贝克兰的朋友。据说他在3年后得到许可，在东京品川建立了工厂，开始试做树脂。

又过了很久，**松下幸之助**也注意到了酚醛树脂的性能，并将其作为他新发明的产品“**卡口型灯泡插座**”（1929年发售）的原料。这个产品使得开灯位置与灯泡位置变得一致了，也就是设计成灯泡插座本身自带开关的形式，在当时大受欢迎。他开发出了解决消费者不便的商品，并把他1918年在大阪设立的小工厂做到了现在世界规模的大企业，就像他的商品那样，他本人也成为了日本人心目中的传奇。

或许是建立公司以前松下幸之助曾在大阪电灯厂（现关西电力公司）工作过的原因吧，他建立公司不久就生产了被称作“**双股灯泡插座**”的便利商品。当时日本的家庭中，不像现在这样充满了电器制品，只是在房间的中央吊垂下来的电线头上装一个电灯而已。

于是为了能开数盏灯，人们把接着延长电线的万能插口、开灯用插口接在插座上。这个商品是用当时容易得到的天然树脂混以黏土和石棉等为原料加工得到的。但是，温度、硬度和原料调配在当时不好掌握，松下幸之助由卡口型灯泡插座得到启发，将原料替换为酚醛树脂，而且这个原料在本公司内就可以制作。这些被记载在1978年出版的《松下电工60年史》中。

松下幸之助发明的“双股灯泡插座”是把天然橡胶、黏土等相混合，并用下面的器具装置手工制作而成的

图1–15　松下幸之助的双股灯泡插座

1.15 酚醛树脂出现之前没有塑料吗？

在酚醛树脂出现之前就没有塑料（或类似的东西）吗？实际上，在酚醛树脂之前人们就开发出了可作为产品的高分子（大分子），这是在酚醛树脂出现50年前的事。这种物质是具有可塑性的，在大约80℃时就会变软，用力压入模具后就可加工成任意的形状。

但是由于其原料是把30%的硫磺加入到天然橡胶中得到的高分子，所以属于半合成品。

在此之后，人们把从纸浆中提取出的纤维素加入硝酸和硫酸中，使其变成被称为“硝化棉”的物质，然后再加入樟脑开发出了具有可塑性的物质。这也是半成品。

由于这两种物质是“**半合成塑料**”，所以才说酚醛树脂是人类发明的第一种“**合成塑料**”。

以橡胶为原料的半合成品，由于其外观具有与马来西亚半岛产的黑檀相似的美丽光泽，从而得名“ebonite”，即**硬橡胶**。此外，由于其原料是纤维素，所以又叫“**赛璐珞**”。

硬质橡胶被当做当时的新能源——电的绝缘体来使用。而且赛璐珞在大约90℃时可以由薄的产品加工成较厚的产品，还可以自由上色，因此它被加工成胶片、箱子、人偶、小食品、小玩具等多种多样的产品。但是，赛璐珞在180℃就有着火的危险，所以从1950年左右开始就被替换成其他的塑料了。

资料提供：岳川由纪子（大阪市立科学馆）

图1-16　用硬质橡胶和赛璐珞制成的产品

1.16 小食品中附带的玩具是赛璐珞制成的吗?

最近流行一股小食品中带玩具的风潮，在早期以玩具作为小食品附带物的时候，也有**赛璐珞**制成的玩具。

有的制造商在牛奶糖的盒子中，附带一个小盒子，里面装有一个不足5cm小玩具。小孩子会在食用牛奶糖之前，首先打开小盒子，确认是否有附带玩具，这样的做法在孩子们中间非常流行。这个牛奶糖制造商在其公司所在地设立博物馆并用来展示以前令人怀念的玩具，众多附带玩具都是按年代顺序摆放的。实际上最初的玩具不是后来的模型类玩具，而是纸制的非常朴素的卡片。制作出孩子们最喜欢的“吃玩”二合一的小食品，是由创业者的热情催生而来的，并且已经拥有85年以上的历史了。

小玩具曾由纸制改用木头或白口铁制，然后被于1877年进口到神户、1908年在大阪堺市正式投入生产的赛璐珞代替。提到赛璐珞制的小玩具，非常有名的是“**丘比特人偶**”。或许是因为它能够很好地塑形，又或许是因为用它制作的玩具能更好地上色，赛璐珞被当成了贵重的物品。但在1950年以后，赛璐珞陆续被“**聚氯乙烯树脂**”和“**聚乙烯**”等塑料所代替。

用赛璐珞制作小玩具的方法是，在两片金属模具间夹上两片赛璐珞薄板并用热水使之变软。接下来向薄板间鼓入空气使之膨胀并紧贴金属模具，也可以用油压泵使其贴紧，然后用水将其冷却凝固。这样用两片薄板可以一次制成多个玩具。

第二次世界大战后重新兴起的小玩具（左）是用赛璐珞制成的。于1955年前后替换成了聚氯乙烯树脂（右），形状都是在当时令人憧憬的家电。不过现在基本上都变成聚乙烯制的了

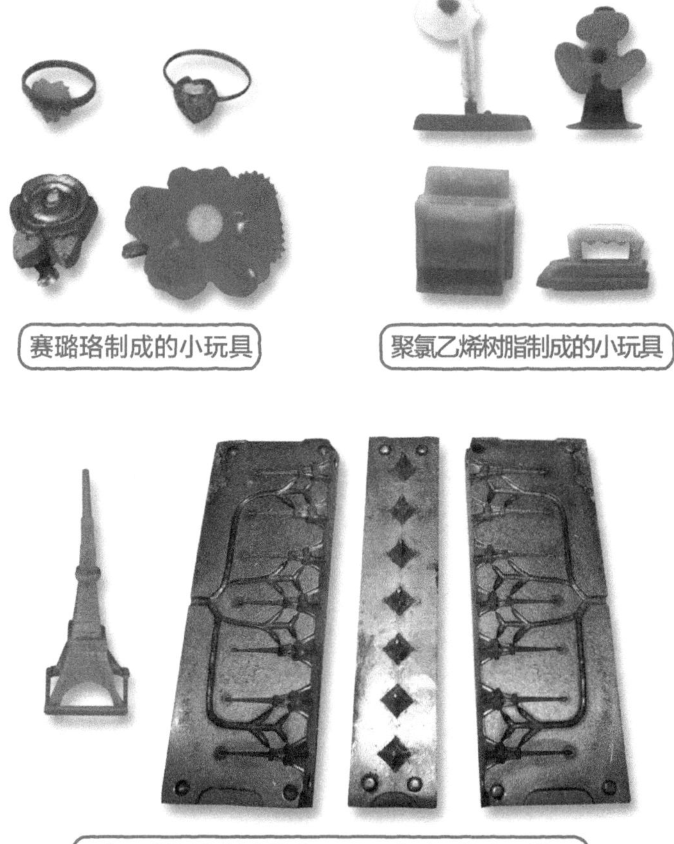

这是在1960年非常有人气的东京塔（左）及其成型用的金属模具（右）。它是将3个金属模具组合在一起使用。原料从左右金属模具中央外侧的空隙中注入。与东京塔同样有人气的飞机也可以一次制作出来

图1-17　各种各样的小食品玩具

1.17 塑料的研发是理论发展的结果吗?

酚醛树脂（1907年研发）等塑料的研发，首先是在理论上讨论其可行性。最近的医药品等是以从分子形状预测功能的化学理论为基础而得到“分子设计程序”，并用计算机执行开发出来的。但是，在酚醛树脂刚出现的20世纪初，别说是计算机，连作为程序基础的“化学理论”都还没有。

不仅如此，当时连现在高中学习的用于说明碳原子、氧原子区别的“原子的结构”、二氧化碳是由碳原子和氧原子组成的“化学合成方法”都还没有确立。因此，在当时人们还不知道为什么具有刺激性气味的液态苯酚和甲醛加热后就会变成硬的、没有气味的固态酚醛树脂，也不知道制成的酚醛树脂具有什么样的结构。

当时人们认为的合成树脂是“把多种液体原料集积在一起，使其变得致密，从而形成硬的固体”。而日本在1930年以后才把对合成树脂的观念转变为“把众多单体结合而成非常大的高分子，众多高分子聚集在一起就会变成固态”。

如果说在开发酚醛树脂时就已经有了这种观点，那么也只可能出现在一位叫史密斯的研究者公开的研究报告和传闻中。他曾在贝克兰以前就试图合成相同的物质，但或许是这些资料中突出记载了合成的顺序以及合成关键点等方面，而弱化了其商品化的一面。

贝克兰可能参考了史密斯的研究报告，然后反复进行固化合成、边探索边改良，最后开发出了酚醛树脂并将其商品化。

至20世纪中期研发的大部分塑料的相关年份表

年份	主要事件
1839	固特异（兄）成功硫化天然橡胶
1843	汉考克改良硫化橡胶并取得英国专利
1844	马塞尔对纤维素和碱的反应进行了研究并开辟了碱在工业上利用的先河
1845	也有记载是1833年，C.F.舍恩拜因偶然合成了硝基纤维素（硝化棉）
1851	固特异（弟）和汉考克同时发明了硬质橡胶
1863	奖金1万美元征集发明用来代替象牙台球的人造台球
1868	凯悦兄弟将樟脑混入硝化纤维素，开发出了赛璐珞并商品化
1875	诺贝尔将硝化纤维素和硝化甘油混合，发明了凝胶化的硝化甘油
1907	贝克兰研发了酚醛树脂
1920	德国发明了脲醛树脂，用作黏结剂
	施陶丁格发表高分子的巨大分子学说。经过争论，1930年被认可
1927	联合碳化物学社成功使聚氯乙烯树脂工业化
	海特勒和伦敦对氢分子结构进行了理论说明
1933	丁苯橡胶（SBR）成功工业化
	ICI公司成功合成低密度聚乙烯（LDPE）。而合成高密度聚乙烯（HDPE）是在1953年
1935	法本公司成功将聚苯乙烯的成型品工业化
	杜邦公司的卡罗瑟斯开发出尼龙66（聚酰胺）。于1938年工业化
1936	ICI公司研发出亚克力树脂（PMMA）
1938	汽巴公司（瑞士）研发出密胺树脂
1940	沙利文和海德（康宁公司）合成硅树脂。1944年工业化
1942	US橡胶公司研发出不饱和聚酯和玻璃纤维的组合强化成型品
1944	ICI公司研发出涤纶（PET）。1953年工业化
	US橡胶公司研发出ABS橡胶
1954	纳塔用改良的齐格勒催化酶成功合成结晶性好、熔点高的聚丙烯

图1-18　塑料的开发年代表

1.18 塑料的原料从何时变成了石油？

本来酚醛树脂的原料是由煤炭合成而来的，现在却改用石油代替了。包括酚醛树脂在内的合成品一直以来是从精炼煤炭即制备无烟焦炭产生的废弃物——“**煤焦油**”中来得到原料的。

18世纪中期起源于英国的**工业革命**使用以水蒸气为动力的机械大量生产纺织品，改变了工业生产的组合方式。那时利用的能源和原料是煤炭和铁。工业革命从英国开始，跨越海峡传到法国、比利时，越过海洋到达美国以及德国，在酚醛树脂被开发出来的十几年前传到了日本。

因此，继酚醛树脂之后发明的**脲醛树脂**和**聚氯乙烯树脂**都是以煤炭为原料。而随着工业的盛行，保证原料的供应和市场的需求就成了问题，以此为诱因竟引发了两次世界大战。战争期间，丝绸和橡胶等天然物品的贸易被迫停止，在欧美，合成的代替品变得盛行，于是人们便集中进行塑料等合成品的研发。这时候诞生的合成品便是橡胶、尼龙等成为合成纤维原料的**化合物**。

美国南部这个时候由于生产石油，能源比较充裕。于是便使用液体和气体石油生产合成品。从20世纪50年代开始，由于中东地区出产的石油进入市场，日本合成品的原料也由煤炭一下子变成了石油。

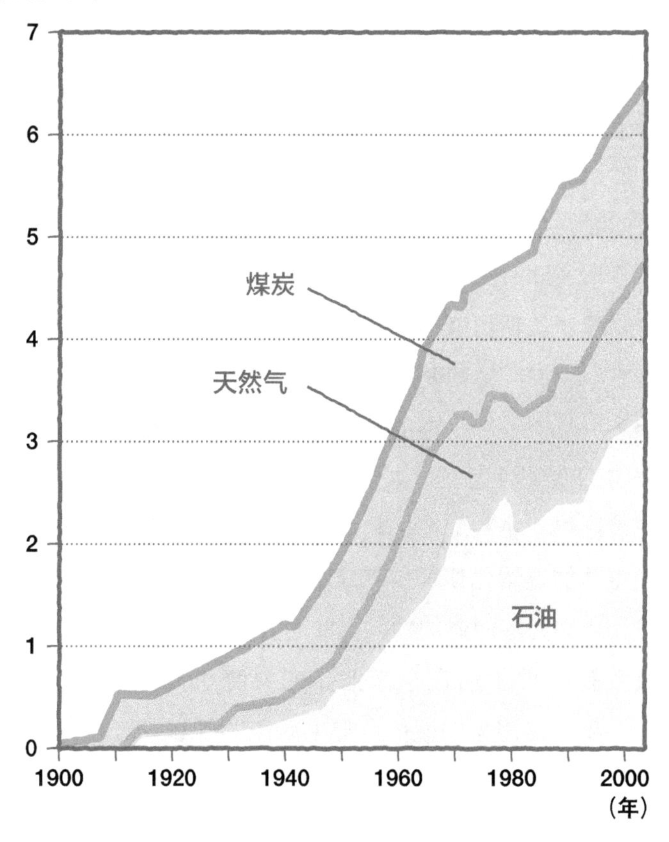

图为煤炭和石油（天然气）的年消费量（比率）。煤炭的消费量从20世纪初开始基本上没有太大的变化，但石油（天然气）的消费量从1930年左右开始慢慢地增加。其增加的部分来源于石油代替煤炭成为塑料等化学工业品的原料。1桶相当于120L左右

数据提供：九州大学综合研究博物馆（http://www.museum.kyushu-U.ac.jp）

图1-19　塑料原料的变化

1.19 天然树脂的用途（虫胶和松脂）

松下幸之助在成立公司之后随即生产的“双股灯泡插座”就是由天然树脂等制成的。与塑料拥有相同性质的天然树脂是如何被使用的呢？

松下幸之助后来使用的酚醛树脂，其成品原料是像黏稠树液一样的液体。虽然树液与空气接触就会变硬成为固体，但酚醛树脂可通过加热加压使其变形，加工成成品形状。

天然树脂有各种各样的种类，既有如其名称从“树木”中分泌出来的，也有从昆虫身体分泌出来的。昆虫所分泌树脂的代表例子是被称作“**虫胶**”的一种固化后像昆虫翅膀那样呈薄板状的树脂。将其加热熔化便可加工成家具、乐器的涂料和黏结剂，还可以成为巧克力等的添加物。以前的SP唱片也使用了虫胶。

虫胶是一种生活在东南亚的叫介壳虫（雄性1mm、雌性5~8mm）所分泌出来的液体。与生活在岩石缝中的贝类一样，介壳虫是一种生活在植物枝干夹缝中的小虫子。

此外，从树木中采集的树脂的代表是以松树树脂为原料的“**松脂**”。松脂是树脂中包含的易气化的成分蒸发后得到的物质，固化后可直接用来防滑。磨成粉末装入袋子中制成“松脂粉袋”，可用来防止棒球投手的手打滑。绿色透明的高级松脂也可用于乐器的弦和弓的防滑。另外，松脂与纸张混合还可防止纸张渗透墨水。

被称为“虫胶”的天然树脂（右）和分泌树脂的体长5～8cm的介壳虫（左）。另外，任何树脂都是像昆虫羽翼一样的碎片

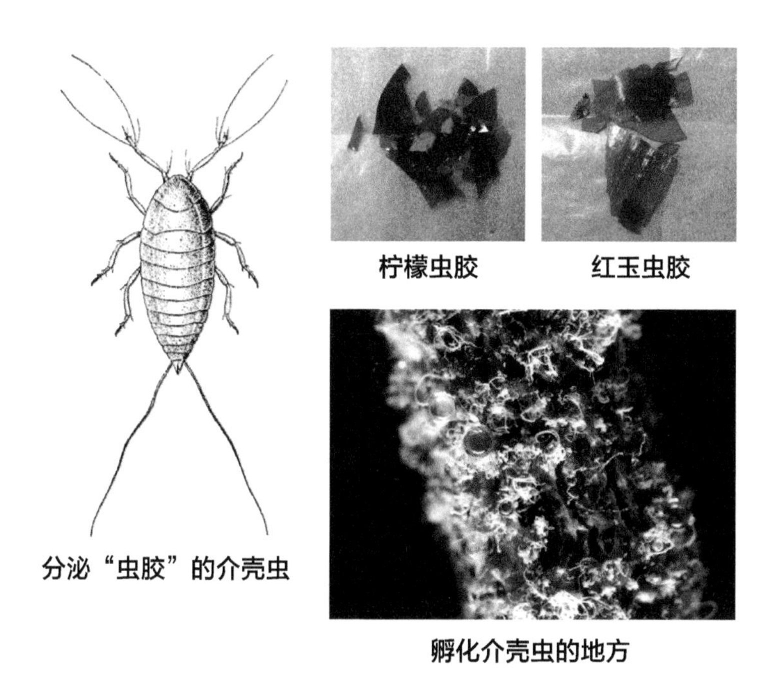

柠檬虫胶

红玉虫胶

分泌“虫胶”的介壳虫

孵化介壳虫的地方

普通松脂

弦乐器用松脂

松脂是松树树脂。左图是普通品，右边是弦乐器用的高级品，呈现绿宝石一样的透明淡绿色

图1-20　天然树脂“虫胶”和“松脂”

1.20 天然树脂的用途(木乃伊和天然树脂)

天然树脂还会被使用在其他意想不到的地方。考古风潮从古至今从未衰退，而谈到考古学，人们一定不会忘记**木乃伊**。为什么要制作木乃伊？怎样制作木乃伊？到现在仍有很多未解之谜。

制作木乃伊的重要目的是为了防止尸体腐烂，因而制作过程中使用了天然树脂。关于木乃伊还有一些有趣的故事。

树液有保护树木伤口的作用。人们利用树液的这种医药性把它作为药类使用。日本在江户时代曾从葡萄牙和荷兰进口树液。这种树液是由原产于阿拉伯的橄榄科灌木——“**myrrha**”分泌的树脂制成的，可作为杀菌镇痛的药来使用。这种药的准确名称已无从考证。

而在埃及和阿拉伯等地，人们利用这种药的防腐作用，把尸体制成木乃伊。中国人把这种药称为“**没药**”，葡萄牙人称之为“mirra”，而荷兰人称之为“myrrhe”，各自有不同的叫法。

除了这种药，为了制造用于子宫出血、吐血等的止血药“mumia”，日本还进口了用myrrha防腐、干燥的尸体。myrrha不知从什么时候被误解成mumia，两种药的进口发生了混乱。因此负责鉴定进口药品等工作的官员用新的名称将两种药品区分开。这便是树脂药“myrrha”和干燥的尸体的日式名称——“mirra”。另外，mirra在日语中还有“美伊良”这个称呼，中文名为“木乃伊”。

从尸体中取出脏器，把被称为“碳酸钠”的埃及产的天然盐塞入遗体，使尸体干燥

为防止腐化，将加热的树脂涂抹在干燥的尸体上

涂完树脂后涂抹香油，然后以亚麻制的绷带包裹多层，之后放入木箱中保存。

图1-21　木乃伊的制作方法

column　不使用石油的塑料——“酪素树脂”

考虑到垃圾问题，研发不使用石油制作的塑料开始流行，其实这样的塑料100年前就有。它的名字叫酪素树脂。

这种树脂诞生于1876年。用于加工象牙、珊瑚或珍珠的仿制品以及纽扣，还曾被广泛用做类似于羊毛的再生纤维的原料。然而随着以煤炭为原料的塑料“酚醛树脂”等的诞生，就不怎么被使用了。

这种树脂是以牛奶等的主要成分“酪素”为原料并固化了多种蛋白质而制成的。提到以牛奶为原料制作的固态物质就是发酵食品“奶酪”。奶酪是用被称为“炼乳”的酶和钙离子将牛奶中含有的蛋白质固化并发酵得到的。酪素树脂是用酚醛树脂的原料即甲醛将发酵前的原料固化得到的。有着与象牙相似光泽的成品，易加工且易上色。

1.21 塑料不耐光照吗?

塑料虽然是能够代替金属和黏土（陶器和瓷器）、玻璃等的非常好的材料，但是对光的耐受性，尤其是紫外线很弱。

有些物质经光线照射就会起变化，比如说色彩鲜艳的衣服，太阳光长时间照射后衣物颜色就会变淡、褪色。但是大家知道吗？衣物的颜色并不是纤维本身的颜色而是纤维表面染料的颜色。

衣物褪色是由于染料被太阳光（特别是紫外线）分解所造成的。按波长由长至短的顺序，紫外线分为A、B、C三等。紫外线A能引起皮肤灼伤，紫外线B能引起严重灼伤、烧伤甚至皮肤癌。紫外线C能分解物质。紫外线B中的一部分和紫外线C会被大气中的臭氧吸收，但最近，部分紫外线B、紫外线C却能到达地面了。也就是说衣物的染料在有害紫外线的照射下有保护纤维的作用。

那么，紫外线直接照射没有染料的纤维会引发与皮肤灼伤同样的效果吗？由于纤维和皮肤一样是有机物，长时间受强紫外线照射的话，有机物纤维很可能遭到破坏从而变弱。

而塑料又如何呢？实际上塑料和纤维基本上是由相同的有机物构成的。因此可以说，紫外线对它的影响与对皮肤和纤维的影响相同。放置在外的晾衣架，会有很多小裂纹。这种裂纹如果进一步发展，稍一用力就会将晾衣架折断，因此我们就需要像染料一样的“盔甲”，而这种盔甲就是添加在产品中被称为“**紫外线吸收剂**”的添加剂。

晾衣架（右边为新的，左边是使用了几年的产品）。
左边是由于紫外线而变脆，很容易折断

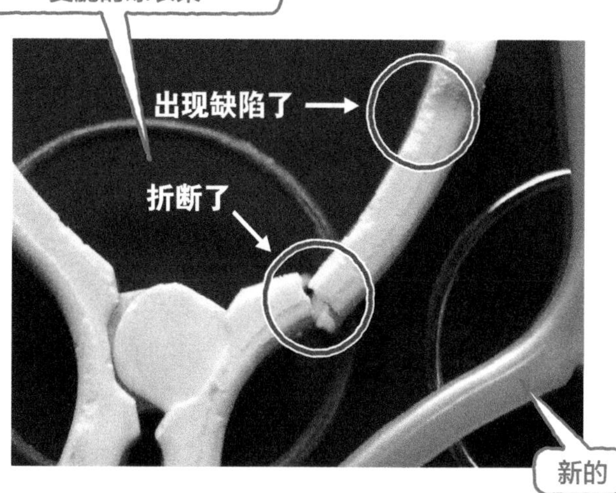

多年置于日照下的包装带（左）和新的包装带（右）

图1-22　塑料不耐光照吗?

1.22 塑料不耐水吗?

人们意外地发现，塑料中也有不耐水的种类，就像金属中有像铁那样禁不住水浸泡而会生锈的种类一样。同样，塑料中既有强耐水性的塑料也有遇到水会分解的塑料。

图1–23是鞋子和厨房用的去污海绵，两者的共同点是用到了缓冲物软垫这样的材料。说起软垫材料，现在比较流行的是“低反弹氨基甲酸酯”，这是一种施加力便会慢慢凹陷、不施加力就会慢慢恢复的材料。之所以会“慢慢凹陷，慢慢恢复”，是因为氨基甲酸酯中含有小的空气泡。材料中含有空气的塑料被称作“**发泡塑料**”。虽然材料不同，碗装方便面所用的碗也是一样的。

图片中的软垫材料是由氨基乙酸酯制作的。使氨基甲酸酯发泡的塑料，按分子结构的不同分为两种。一种被称作“**聚酯型**”，另一种被称作“**聚醚型**”。聚酯是用来加工纤维和塑料瓶等塑料制品的化合物。我们从来没有听说过“如果把水装到塑料瓶子里就会开个洞”，所以聚酯型是耐水的。

遇水容易损坏的氨基甲酸酯是聚醚型。它具有遇水分解的性质。为什么能被分解呢？由于涉及太多专业性的东西此处就省略了。由聚醚制成的产品，为了保证发泡素材中不进去湿气，有必要将其保管在通风好的场所。但是由于产品并没有标示出“聚醚型”，防水保管容易被忽视。

购买几年后，还在包装中保存的“厨房用海绵”。打开包装，如果沾水润湿开始使用，就像图片中那样突然地分解了

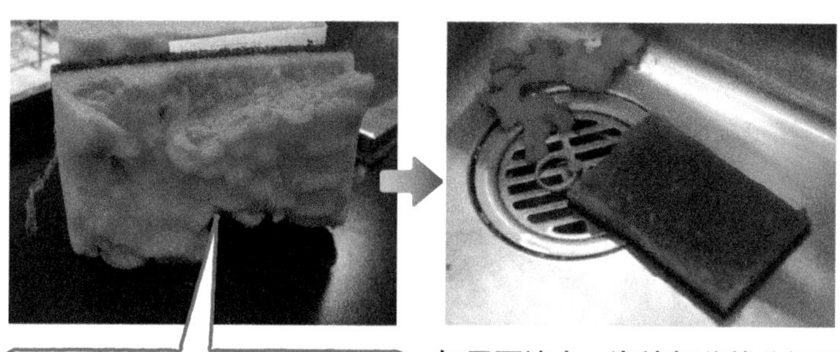

如果再沾水，海绵部分就分解了

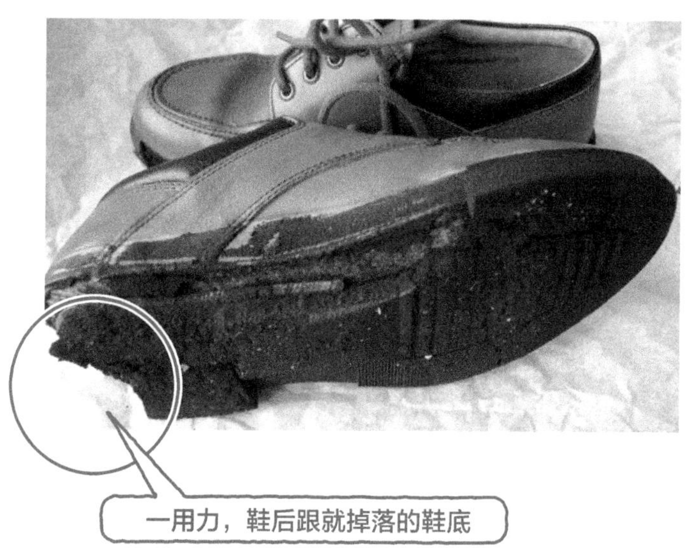

购买几年，一直放在鞋盒中保存的鞋子
刚穿进去时，鞋底的软垫就变得破破烂烂坏掉了

无论是鞋子还是厨房用的海绵，都在保存的过程中被空气中的湿气分解了

图1-23　塑料不耐水吗？

1.23 为什么塑料容易脏?(静电和污垢)

电气产品的表面比其他材料更容易弄脏。很多家电采用塑料制成的外壳，与木质家具和玻璃窗相比，电视屏幕及其周围更容易吸附小灰尘，因而更容易变脏。

电视屏幕等电气产品表面的污浊是因为表面存在**静电**。电气产品表面存在静电的理由很复杂，但一般静电产生的原因如下所述。

相互摩擦两个物体，然后像撕去胶带那样将这两个相互接触的物体迅速分开，静电就会产生了。将塑料制的垫子夹在腋下与衣服相摩擦，然后将垫子靠近头发，由于垫子上有静电，所以头发会被吸引起来。

静电能吸附空气中漂浮的小灰尘。“**电子吸尘器**”利用的就是这个性质。由于电子吸尘器的广泛使用，工厂等地方不再冒出黑烟，而只是喷出白色的蒸汽。

电气产品的外壳如果成为灰尘收集器，会让人很苦恼，因此必须要想一个对策。实际上，研究表明如果提高空气湿度，表面就会变得不容易聚集灰尘了。一种方法是给屋子加湿，但是不方便。另一种方法是用市场上贩卖的喷雾器向电器产品表面喷水，但费时又费力。在这里介绍一种既便宜又简单的方法，把水和油以8∶2的比例混合，并添加少量洗涤剂，用布沾着这个液体来擦拭电器表面即可，这被称为“**化学抹布**”。

防止含有小烟尘的废气从烟囱中排出的电子吸尘器。
火力发电厂、炼铁厂等都安装了此类装置。因此从烟囱出来的烟只是白色的水蒸气

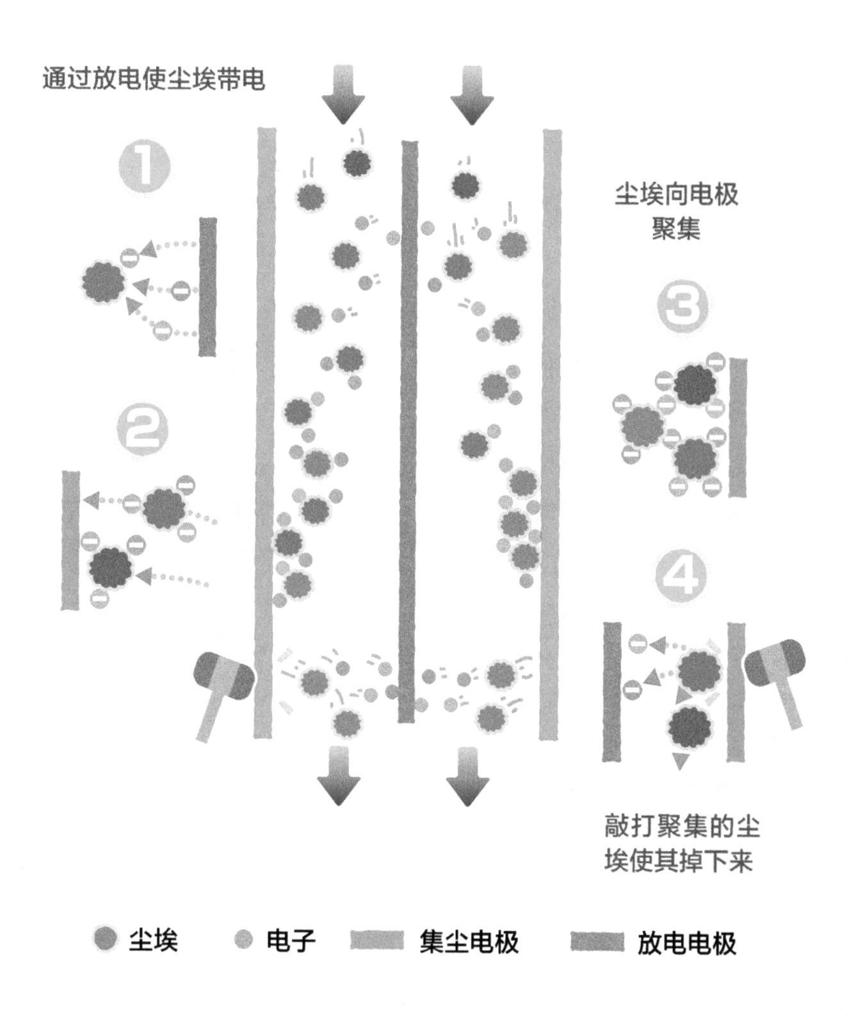

图1-24　**电子吸尘器的结构**

1.24 为什么塑料容易脏？（污垢和亲油性）

塑料易沾染的污渍除了灰尘还有**油污**。例如，装过油性饭菜的塑料便当盒，即使用洗涤剂洗也不容易把油污洗掉。

在说明原因之前，让我们先学习一下关于油的知识吧。食用油的主要成分是被称作“**甘油酯**”的物质。“酯”是酒精和酸组成的化合物的名字。酒精和作为酒的原料的“乙醇”是同类物质，而食用油中有被称为“甘油”的黏稠状液体，它易溶于水。此外，酸是和制作醋的原料“醋酸”同种的有机酸。有机酸是由“具有水溶性质的基团”和“与油有相似性质的基团”这两种原子团组成的。醋酸中和油相似性质的基团比较小，易溶于水，而形成油的有机酸中有像蜡烛的“**石蜡**”那样的基团。这种基团是由十几个碳原子联结组成的。如果大多数碳原子结合成像丝线一样细长的形状，就会变得不易溶于水而具有排斥水的性质。这被称为“**疏水性**”或者“**亲油性**”。

塑料和“石蜡”具有相同的结构，但塑料不是由几十个碳原子，而是几千或者几万个碳原子组成的，其中也有像聚酯那样有氧原子插入其中的种类。而制作便当盒的塑料由石蜡的分子结构重复组合形成。因此，容器表面变得亲油排水、易吸附油渍，导致沾上的油污很难被清除掉。

塑料便当盒由“聚丙烯”和“聚乙烯”制作而成，因此具有易吸油的“亲油性”。而且，又因为具有排斥水的“疏水性”，所以容易粘上油污并且难以去除

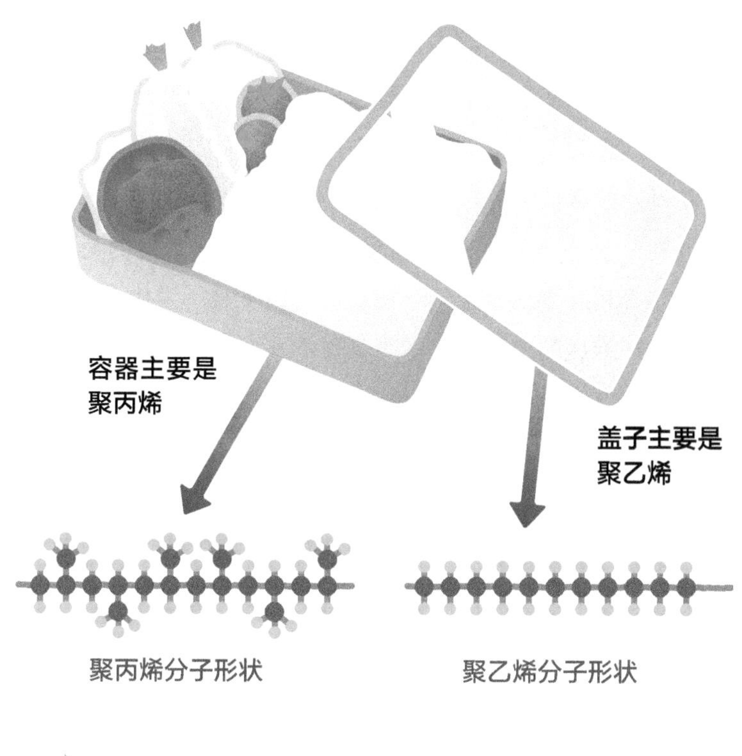

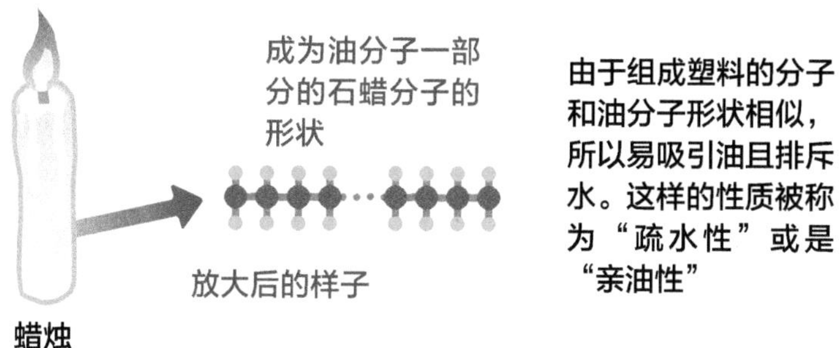

图1-25　**为什么塑料容易脏？**

1.25 塑料会溶于油吗？

把食物保存在带盖子的塑料容器中，容器上的油污就难以去除，难道是因为塑料溶到油中了吗？单从结论上来说，也有溶于油的塑料，但这种相溶并不像糖、盐溶于水那样。

电视节目中曾经播放过利用这种“溶解”来做的有趣的游戏，参与者相互推送橡胶气球而不使其掉下来。为什么说它有趣呢？因为在推送的过程中，橡胶气球不知怎地就破掉了。这并不是因为气球的材质不行，而是另有原因。向气球滴一滴“**柠檬酸**”，不久橡胶就会溶解，这个游戏就是利用了这个原理。在游戏开始前当着大家的面滴一滴这种“神奇的液体”，橡胶气球就会不知不觉突然破掉。

为什么橡胶会被溶解呢？这是因为橡胶和柠檬酸的结构很像。我们人也是相像的会容易成为朋友吧。如果问你和谁比较像，那么大家便会从脸、身体等外观或者思考方式、行动等方面考虑。分子也是一样，分子的外形和性质相似就会变得相溶。

塑料容器上的油污很难去除的原因就是组成塑料的分子在外形上“**具有和油相似的结构**”。那么，溶解橡胶的柠檬酸也与橡胶在外形上很像吗？这里并不是外形上的相似而是分子性质上的相似。

可是，什么是分子的性质呢？在描述人的性格时，我们有急性子、慢性子、爱责备人、对人温和等很多词汇。分子中，我们用“**反应性**”和“**亲和性**”来表示。反应性是指攻击对方使其形态改变的性质，而亲和性是指不改变对方形态而是将其吸引到自

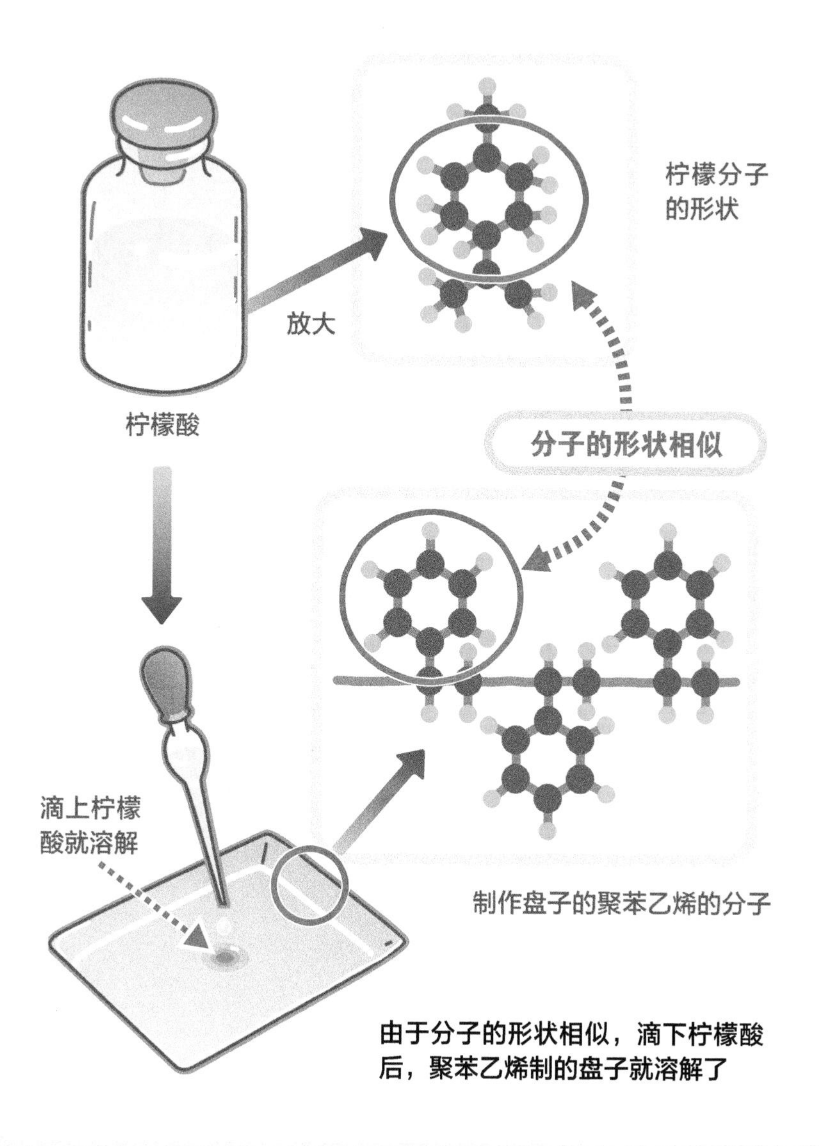
聚苯乙烯制的盘子被橘子、柠檬等柑橘类水果的皮中所含的柠檬酸溶解
柠檬分子的形状
放大
柠檬酸
分子的形状相似
滴上柠檬酸就溶解
制作盘子的聚苯乙烯的分子
由于分子的形状相似，滴下柠檬酸后，聚苯乙烯制的盘子就溶解了

图1-26　**塑料会溶解吗?**

己周围的性质。

柠檬酸和橡胶亲和性较高。当柠檬酸接近橡胶气球时，会把橡胶分子从橡胶集合（气球）中分离出来并将其包住。因此，橡胶气球不久就会破裂。这种分子的行为可表述为“**溶解**”或“**融合**”。

实际上亲和性的高低与分子的外形息息相关。相对于易受分子表面原子的影响的反应性，亲和性只受外形和分子结合力的影响。外形是指分子的形状和大小。结合力受分子的电性（正、负离子）和分子中电的不均匀性即“**极性**”等影响。

我们可以用影响亲和性的分子形状、分子大小与结合力的大小等来计算亲和性的大小，其结果被称为“**SP值**”，如**图1–27**所示。左边是制作塑料用的具有不同SP值的原料，右边是油、柠檬酸等溶剂。此图表示了SP值相近的物质易互溶、SP值不相近的物质难互溶的性质。例如，柠檬酸与橡胶气球的原料“**SBR橡胶**”、“**天然橡胶**”相近，这便是橡胶气球溶于柠檬酸的原因。

顺便提一下，“**聚丙烯**”、“**聚乙烯**”、“**聚苯乙烯**”等材料与“**辛烷**”、“**戊烷**”那样的溶剂（油）有相似的结构，有时也会互溶。

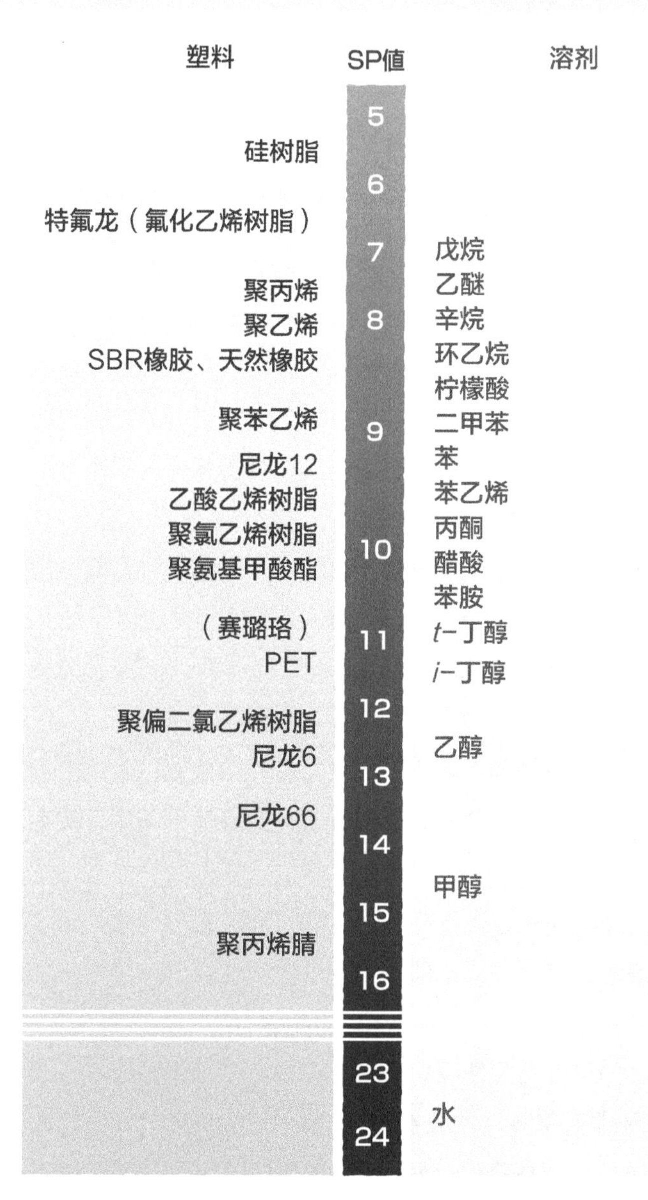

SP值相近的物质易互溶，不相近的难互溶

图1-27　表示塑料溶解难易的SP值

1.26 塑料的脆性可以改良吗？

我们每天使用的塑料容器好像强度硬度很高，但用力挤压的话就会产生裂纹。我们能不能对塑料的脆性进行改善呢？

硬而脆的塑料，如“**聚苯乙烯**”，透明且表面有光泽，看上去很硬很结实，而且感觉上比“聚乙烯”、“聚丙烯”制成的容器要高级。但是，这种由聚苯乙烯制成的容器有令人意想不到的缺点，其中之一就是脆。

脆性源自于聚苯乙烯分子的形状。聚苯乙烯中的很多碳原子像丝线一样连接在一起，但是平铺在丝线上大的原子团，形成短周期突起。这种突起虽然可强烈吸引分子，但突起的朝向是凌乱的。

例如，把一根聚苯乙烯分子拉直并沿纵向放置，丝线上的突起就变成了无规则地向左右突出的状态。而且分子不同，突出方式也各不相同。

这样的分子无法整齐排列，而且分子间有空隙产生。由于这种空隙和凌乱的排列方式，即使突起的吸引力很强，分子间的连接作用也会变弱。因此，产品变得禁不住外力挤压。

那么，如何改良脆性呢？有种方法是改变分子的形状，使分子能更容易排列整齐，并且突起的朝向一致。由这种方法改良的聚苯乙烯是一种被称作“**间规聚苯乙烯**”（SPS）的最新型产品，这是一种在制作过程中突起被强行向左右交替排列的分子。

在间规聚苯乙烯诞生之前，人们曾采用使其他分子与聚苯乙

聚苯乙烯的分子。结成六边形的原子团从由碳原子连接的分子骨架中突出来，而且朝向凌乱。实际上不只是向上向下，也朝向纸面的前后

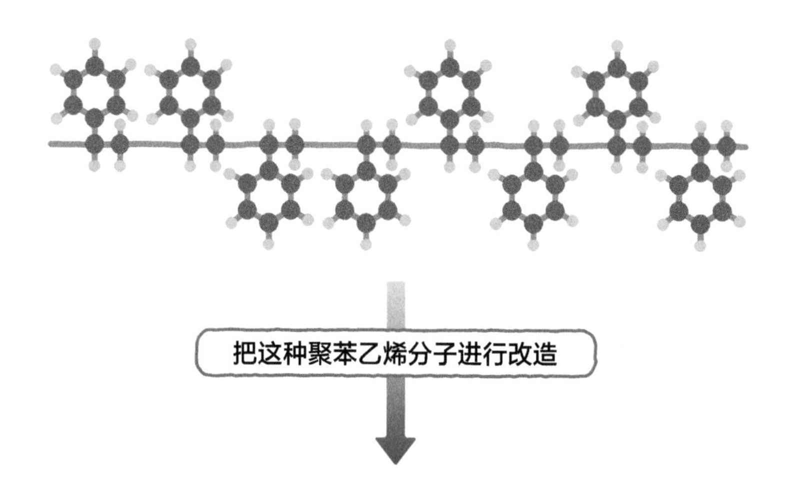

把六边形的原子团像下面那样排列，性质就会有很大飞跃。这种聚苯乙烯被称为“SPS”。
另外，也有六边形的原子团全部朝向同一方向的分子

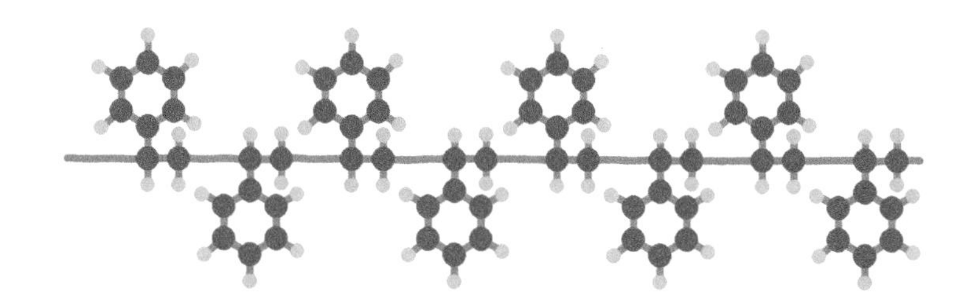

（图中●表示碳原子，●表示氢原子）

图1-28　改良聚苯乙烯的脆性

烯结合的方式改良分子，也曾有过掺杂物质使聚苯乙烯软化的方法。前者改良后制成的塑料是透明的“**AS树脂**”，被用于制作一次性打火机。后者通过掺杂物质改良的塑料被称作“**耐冲击性聚苯乙烯**”（HIPS）。

我们按照改良方法逐一进行说明吧。AS树脂为了使组成产品的分子间的空隙减小，把加强分子间结合力的分子与聚苯乙烯结合。所结合的分子是易与其他分子结合的丙烯纤维的原料——“**丙烯腈**”。由于这样的分子是“聚苯乙烯”分子和“聚丙烯腈”分子交替结合而成的，所以它的名字是“AS”（A代表丙烯腈，S代表聚苯乙烯）。

耐冲击性聚苯乙烯是向硬的聚苯乙烯中混杂柔软的物质，是一种使材料硬中带韧的改良方法。与聚苯乙烯有同样突起的“**丁苯橡胶**”（SBR）使用的就是这种方法。

此外进一步改良脆性得到的塑料还有“**ABS树脂**”（丙烯腈-丁二烯-苯乙烯树脂）。这种树脂是一种既有聚苯乙烯的优点又弥补了其缺点的塑料。为了弥补缺点所使用的三种成分的名字（Acrylonitrile Butadiene Styrene）也理所当然地成了这种改良塑料的名字了。

同时，为了区别改良品和普通聚苯乙烯，普通聚苯乙烯被称作“**通用级聚苯乙烯**”（GPPS）。

改良不耐冲击性的聚苯乙烯。中间的ABS树脂表示的是同时具备3种成分特征的改良品
（图中●表示碳原子，●表示氢原子，●表示氯原子）

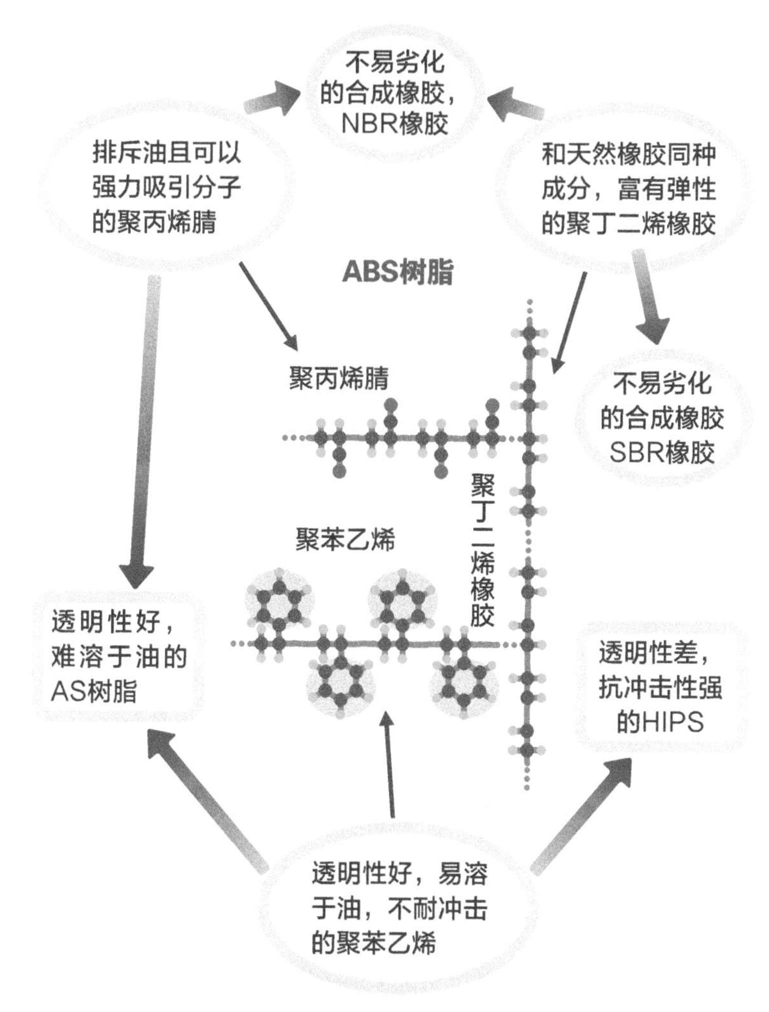

虽然透明性变差，但通过橡胶改良了脆性，通过丙烯腈改良了易溶于油的特性。这样得到的改良品就是ABS树脂分子

图1-29　改善塑料的脆性

1.27 塑料的透明性由什么决定?

塑料中既有像“**聚乙烯**”、“**聚丙烯**”那样的有些模糊不透明的塑料，也有像“**聚苯乙烯**”这样透明度很高的塑料。它们的区别是什么呢?

让我们想一下，盐和糖是透明的吗?如果从透明容器外面看，会看到盐和糖都是白色模糊不透明的，但是如果取小颗粒拿在手上迎着亮光观察，就是无色透明的。

这种差别是由于从外面整体看小颗粒的表面有光的反射，而迎光透视时就没有反射了。所以，物质的透明程度与光通过物质的难易有关，也因看物质的方式不同而改变。

在这里我用一个比较直观的例子来说明一下，窗帘被用来遮挡阳光。薄的蕾丝窗帘空隙多，透光性好。光从物质中通过，也就好比是从由分子组成的窗帘中通过。窗帘如果是大空隙的蕾丝，则光易透过，物质看起来就是透明的，但如果是分子空隙小的厚窗帘，则光基本上无法通过，透明度一下子就下降很多。分子组成什么样的窗帘受分子的聚集方式影响。例如，与水相比，作为气体的空气更透明吧。像这样分子聚集的越稀疏，光越容易通过，看起来就更透明。

那么，是不是模糊不透明的塑料和透明的塑料的分子聚集方式不同呢?确实如此。不过两者的分子聚集方式只是稍微有些不同。谈到分子的聚集方式，就要先讲一下分子。这里讲的分子和砂糖等的分子不同，而是由上万个原子组成的“**高分子**”。而且

呈美丽的六边形的雪的晶体。它是由水分子规则排列而形成的（●表示氧原子，●表示氢原子）

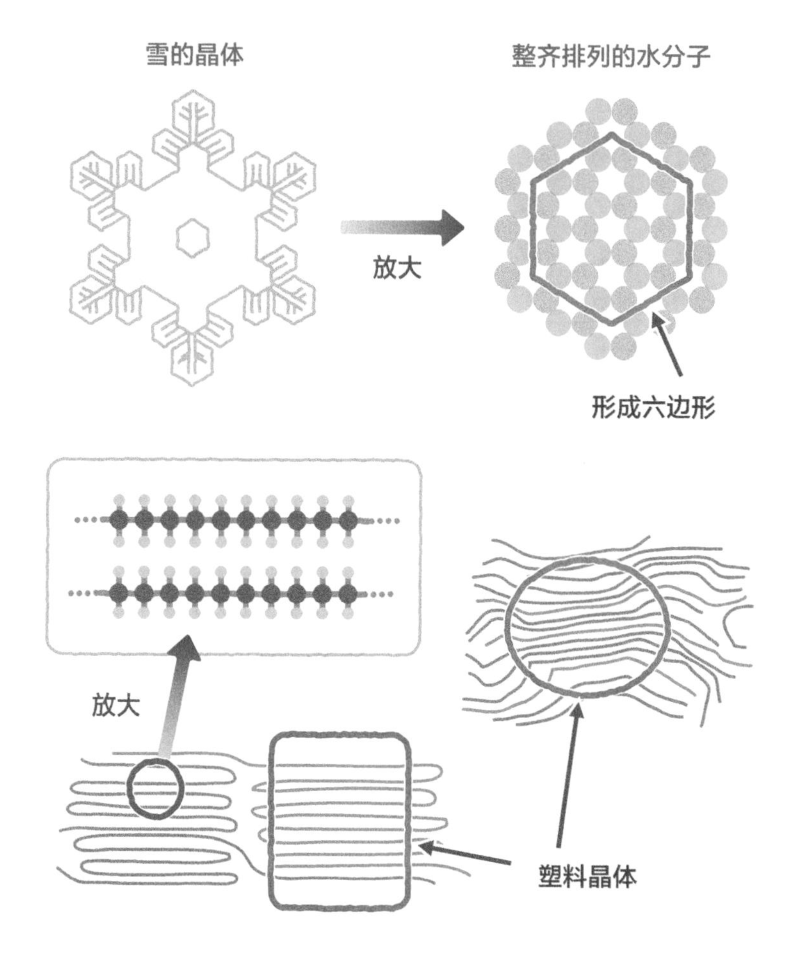

在晶体的部分中，细长分子呈折叠起来的形状（左）或平行排列的形状（右）
（分子的放大图中，●表示碳原子，●表示氢原子）

图1-30　水和塑料晶体的区别

前面提到过，塑料分子是像拉长的丝线一样的形状，很多这种分子聚集在一起便构成了塑料产品。

前面我曾用**海蕴醋**比喻高分子聚集在一起的形态。海蕴也像高分子那样有丝线一样的形状，但是比分子粗而且短，不过丝线的聚集方式和塑料类似。海蕴朝各个方向重叠、缠绕在一起，这也是塑料中分子的聚集方式。

分子并非整齐排列，所以分子间产生的空隙宽窄不一，且凌乱地分布着。换言之，分子之间到处都是空隙。

也就是说长长的大分子都处于混乱状态且朝着任意方向重叠、缠绕着。这种状态与冰雪分子那样规则排列的“**晶体**”不同。为了与晶体区别，这里称这种状态为“**非晶体**”。

与蕾丝窗帘是透明的一样，塑料产品的透明源于其分子的非晶体状态，但是这种非晶体的一部分也是有序的。这种**有序性**如果不仔细观察就不会注意到。长分子的有些地方是紧密排列的。分子密集排列的这一部分，光难以通过，而且密集带几乎在产品中是均匀分布的。因此，只是稍稍减少产品的透明度，就会变成模糊状态。

图1–31为透明的塑料和模糊不清的塑料中分子的聚集方式。这种因分子的密集带造成的模糊与冰等完全是两回事，但在塑料领域，造成模糊的分子密集带也被称为“晶体”。

像聚乙烯和聚丙烯那样，分子排列有些杂乱的塑料。其中有些地方的分子排列整齐，这部分被称为晶体。这种晶体部分越多，产品变得越不透明。相反越少则越透明

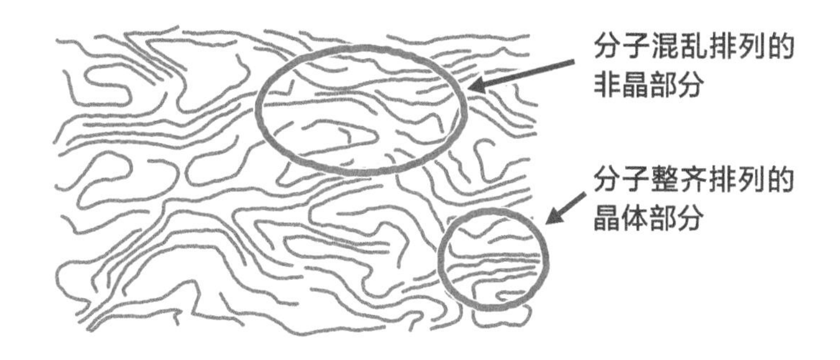

按结晶难易程度区分的表

<table>
<tr><th>分类</th><th colspan="2">塑料名称</th><th>简称</th></tr>
<tr><td rowspan="6">易结晶</td><td colspan="2">聚乙烯</td><td>PE</td></tr>
<tr><td colspan="2">聚丙烯</td><td>PP</td></tr>
<tr><td rowspan="2">饱和
聚酯</td><td>聚对苯二甲酸乙二醇酯</td><td>PET</td></tr>
<tr><td>聚对苯二甲酸丁二醇酯</td><td>PBT</td></tr>
<tr><td colspan="2">聚酰胺（尼龙等）</td><td>PA</td></tr>
<tr><td colspan="2">聚甲醛</td><td>POM</td></tr>
<tr><td rowspan="12">难结晶</td><td colspan="2">聚氯乙烯</td><td>PVC</td></tr>
<tr><td colspan="2">聚苯乙烯</td><td>PS</td></tr>
<tr><td colspan="2">ABS树脂</td><td>ABS</td></tr>
<tr><td colspan="2">聚碳酸酯</td><td>PC</td></tr>
<tr><td colspan="2">酚醛树脂</td><td>PF</td></tr>
<tr><td colspan="2">脲醛树脂</td><td>LF</td></tr>
<tr><td colspan="2">聚氨基甲酸酯</td><td>PUR</td></tr>
<tr><td colspan="2">密胺树脂</td><td>MF</td></tr>
<tr><td colspan="2">硅树脂</td><td>SI</td></tr>
<tr><td colspan="2">环氧树脂</td><td>EP</td></tr>
<tr><td colspan="2">不饱和聚酯</td><td>UP</td></tr>
</table>

图1-31　塑料的透明性

1.28 塑料耐热吗？（硬和软）

各种各样的塑料中，有在100℃左右就变软的“**聚乙烯**”，也有到了200℃也没什么变化的“**氟树脂**”。如何才能做出耐热的塑料呢？

加热塑料制品会引起多种变化，有“**产品变软并且变形”的变化**，也有“**冒出难闻的烟、变黑并且分解”的变化**。前一种变化是因为组成塑料的“分子团发生变形”，后一种变化是因为“分子本身被破坏”。因此，不同塑料的耐热方式也稍有不同。

在这里介绍一下“产品发生变形的变化”。组成塑料产品的分子是由数千到数万个碳原子连接组成的“**高分子**”，塑料是由非常多的大分子堆积在一起组成的。稍微加热一下的话，这些分子就会各自动起来。不耐热的产品分子移动量大，而耐热的产品分子移动量小。分子移动的量越大，形状变化越大，越容易变软。

把不同塑料制品加热到相同的温度，无论什么分子，其接受的能量都是相同的。但明明接受到的能量是相同的，为什么产品变软的程度出现了差异呢？这确实是个问题，而解决方案便是**使分子的移动量变小**。

假设有一轻一重两个物体，我们来比较一下移动这两个物体所需要的能量。不用说，自然是轻的物体需要的能量少。而组成分子的原子也分轻重。于是，**给分子换上重的原子**，这就是一种解决方案。

用微波炉加热塑料容器时所发生的变化。将食品和塑料容器一起加热，容器的组成分子就会动起来

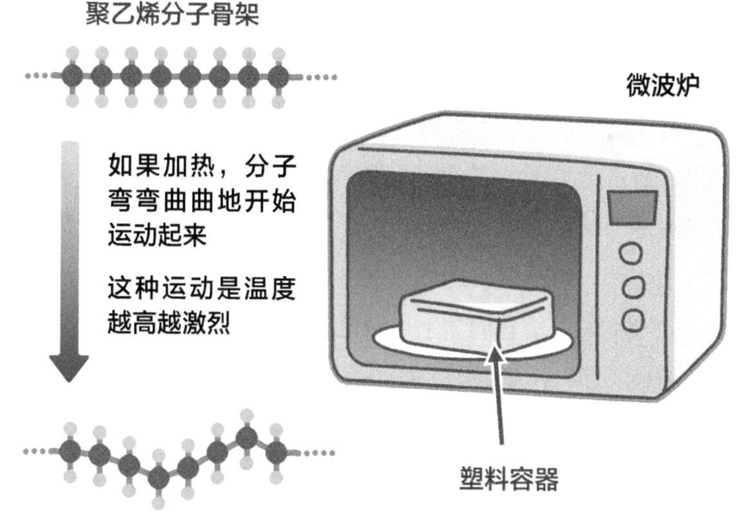

把轻的氢原子用较重的其他原子或原子团置换，由于分子变重了，运动量就变小了

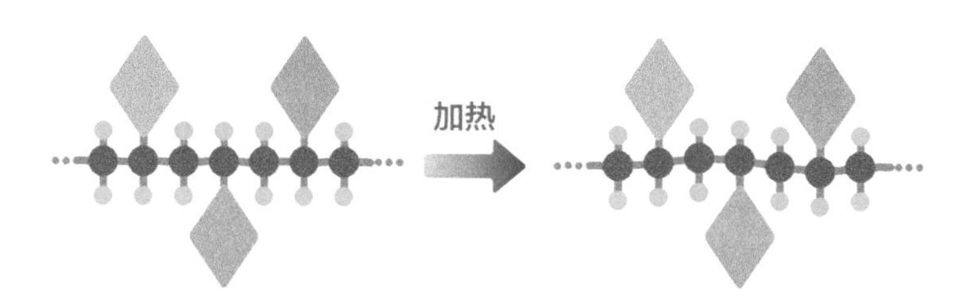

分子的运动量变小，耐热性就变强。重原子和原子团越多，这种效果就越明显（图中的◆表示重原子或者原子团）

图1-32　制作耐热塑料（硬和软）

塑料中，既有只由碳原子和氢原子组成的“聚乙烯”，也有用氯原子置换氢原子得到的“**聚氯乙烯树脂**”和“**聚偏二氯乙烯树脂**”。而且偏乙烯要比乙烯含有的氯高出数倍，软化温度也就高很多。

在塑料制品中，分子不是散乱分开而是互相结合的。**加强这种分子和分子之间的结合**也可以使分子的运动幅度变小。在上述用重的氯原子置换氢原子的例子中，除了使原子变得更重外，也利用了氯所具有的分子间强有力的结合力。使分子结合的力若是“离子”力的话会很强，但是非常遗憾的是组成塑料的分子基本上都是中性的。但是我们可以给它们装上一种元件使其具有电性。这种元件被称为“**极性基团**”，氯原子也是一种极性基团。

把这些元件加入分子中间，即使是完全不具备极性基团的聚乙烯，其耐热性也可以得到大幅度改善。开头提到的氟树脂，把聚乙烯的氢原子全部用强极性的氟原子代替，就得到了具有高耐热性的“**聚四氟乙烯树脂**”。

但是，把极性基团加入分子中以提高分子的结合力是有极限的。所以我们制作了使相邻分子直接结合的立体分子。这是在两个分子之间结合别的分子，使其变成一个分子的方法。这种做法被称为分子的“**交联**”。产品中的所有分子都进行这种架桥，也就是把产品变成一个巨大的分子。这就是具有耐热性的“**酚醛树脂**”等的“**热固性塑料**”之所以耐热的真相。

塑料容器中的分子与相邻分子间由于受到弱的“分子间作用力”的作用，互相之间的运动受到了限制（图中，●表示碳原子，●表示氢原子）

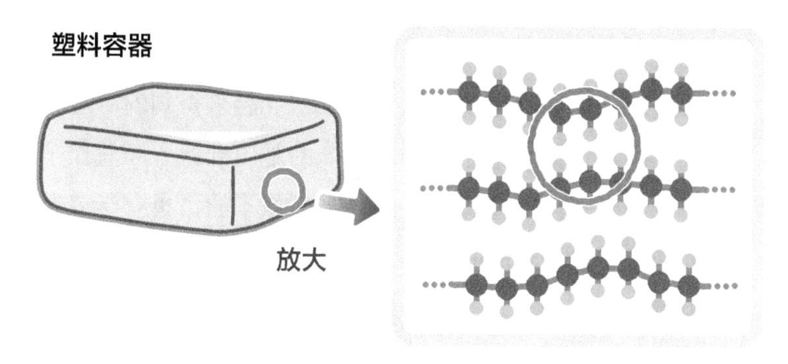

加入能够强烈吸引分子的原子或者原子团（左下的三角形），可以进一步限制分子的运动。这样的原子或者原子团称为“极性基团”

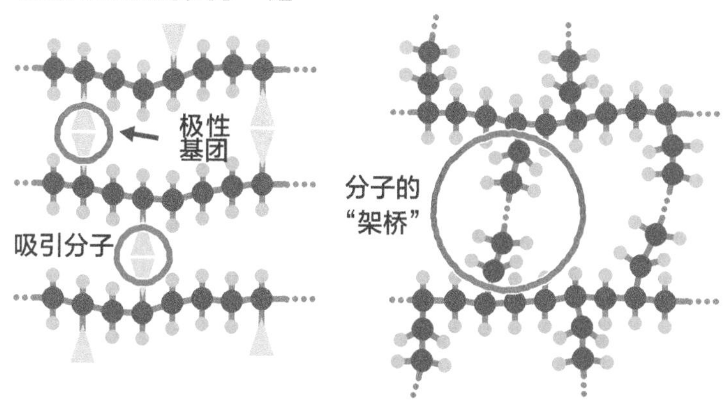

进一步强化这种效果的“架桥”，将分子和分子相结合。通过架桥分子得到的塑料为“热固性塑料”

图1-33　制作耐热性塑料（硬和软）

1.29 塑料耐热吗？（分子强度）

虽然高分子都是由数万个原子连续结合起来得到的，但构成塑料和玻璃的是不同的原子。构成玻璃的是由硅原子和氧原子相互结合而成的分子，而塑料分子既有带氧原子的，也有带氮原子的，但大多是碳原子组成的骨架。

尽管组成骨架的原子不同，但热分解的难易性基本上不变。相对于玻璃来说，塑料中易分解的原子或者被称作“**取代基团**”的原子团容易从骨架中分解出来，因此相对于高温下也不分解的玻璃，塑料比较容易分解。

与塑料分子相结合的原子或者取代基团的分解难易性，取决于其与骨架结合的能量大小。换言之，能量小的容易置换。这种置换的容易性，便于制作各种性质的塑料，但也会带来缺陷。与之相比，玻璃难以分解，它不能像塑料那样通过分解改良性质。于是，人们可以通过往玻璃原料的骨架之间加入铁等其他物质来改良其性质。

那么有没有方法克服塑料很容易分解这个缺陷吗？还是有方法的，那就是使骨架强有力地结合起来。例如，氟原子和碳原子强有力地结合，可以耐高温。在高温的平底锅内侧使用的“**氟树脂**”就是这样的。“**苯**”这种有机物能与碳强有力地结合，而且难以分解，把这种有机物骨架的取代基团导入碳骨架，或者从骨架中将碳置换出来，也可以提高耐热性。

从聚乙烯分子骨架中置换一部分原子得到的物质（●表示碳原子，●表示氢原子）

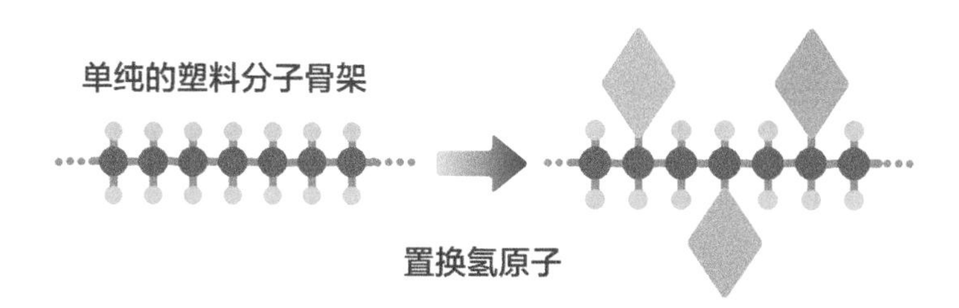

与氢原子置换的原子团的形状越大，制作出的塑料越耐热。若把具有“苯”骨架的平的原子团导入到分子骨架中，分子堆积就会变得容易。再者，由于分子受到强有力地吸引，分子的运动也进一步受到了限制。因此，分子的耐热性更进一步地提高了

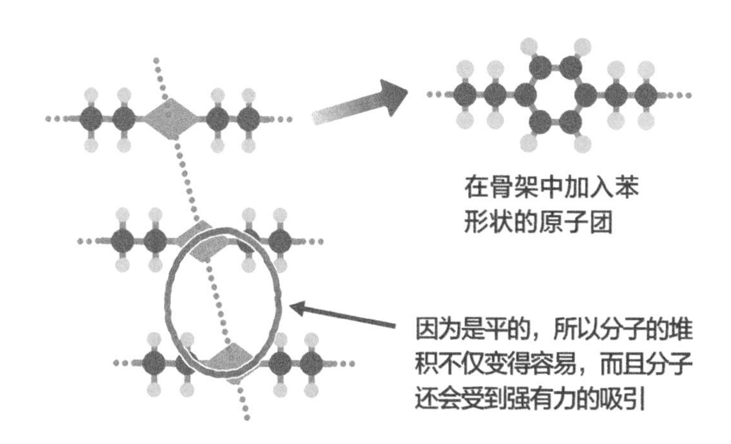

耐高温的塑料一定具备这样的分子骨架。例如，聚碳酸酯、聚亚胺、聚砜、聚芳酯等

图1-34　**制作耐热性塑料（分子的强度）**

1.30 耐热性不同，塑料的用途就不同吗？

阅读塑料容器的说明书时会看到上面会标有耐热温度。耐热温度不同用途也会不同吗？

耐热温度分为加热和冷却两种温度。在冷却的情况下也表示为“**耐冷温度**”。这里我只对在加热情况下，不会使产品性能和形状发生异常状况的“**耐热温度**”进行说明。这种耐热温度，按JIS-S2029（其中JIS为日本工业标准）所规定的“从50℃起每上升10℃”的方法统计温度，前后各相差10℃。

要想提高耐热温度，就要想办法对塑料原料的分子骨架进行改良，所以与用原料石油简单地合成出的耐热温度低的塑料相比，分子骨架改良后的塑料价格要高。因此，我们可以根据用途不同而使用不同耐热温度的原料。根据耐热温度的高低，可将塑料分为三组。

第一组耐热温度在100℃以下，包括容器、外包装、塑料桶等日常用品，还有农用塑料大棚等在常温下使用的塑料。这些被称为“**通用塑料**”。第二组耐热温度为100~150℃。像齿轮那样在使用过程中由于摩擦生热等原因温度上升的制品或发热零件附近使用的零件等，这些用在机器和汽车零件上的塑料，被称为“**工程塑料**”。最后一组耐热温度在150℃以上，一般用于耐受200℃以上高温，被称为“**特种工程塑料**”。

塑料如同表中所示，耐热性不同，则用途不同

按耐热性分类的主要的塑料

分类	塑料名称		耐热温度/℃
通用塑料	聚乙烯（低密度）		70~90
	聚乙烯（高密度）		90~110
	聚丙烯		100~140
	聚苯乙烯		70~90
	聚氯乙烯树脂		60~80
	AS树脂		80~100
	丙烯酸树脂（甲基丙烯酸树脂）		70~90
	ABS树脂		70~100
	EVA树脂		70~90
	聚乙烯醇		40~80
工程塑料	聚甲醛		80~120
	饱和聚酯	对苯二甲酸乙二醇酯	60~140
		对苯二甲酸丁二醇酯	~200
	聚酰胺		80~140
	聚碳酸酯		120~130
特种工程塑料	乙烯	特氟龙	260
		ETFE	150
	聚亚胺		200~280
	聚砜		155~175
	聚丙烯酸		~170
	立规聚苯乙烯		~250
	液晶高分子	Ⅰ型	260~
		Ⅱ型	210~260
		Ⅲ型	~210

下表中的塑料分子形状与上边完全不同。耐热性比“通用塑料”高

按耐热性分类的主要的塑料

分类	塑料名称	耐热温度/℃
热固性树脂	热酚醛树脂	150
	硬脲醛树脂	90
	密胺树脂	110~130
	树环氧树脂	150~200
	不饱和聚酯树脂	130~150
	聚氨基甲酸酯	90~130
	硅树脂	200

图1-35　塑料的耐热性和用途差异

第2部分

塑料都有哪些用途？

最新的技术催生多种多样的用途

2.1 塑料被应用于何处？

从垃圾分类的角度看，即使单从外观我们也能大致区分塑料和其他物品。然而，对于“那是什么样的塑料？”“每个零件中所使用的塑料是不同还是相同？”等问题还无法区分。因此，我们介绍一下这些塑料产品的区分方法。

首先是“用于何处”的分类方法，例如**图2-1**中报纸上的邮购广告画面。说起邮购，虽然在电视上也常见，但报纸广告能传达电视所不能传达的信息。

那些信息是扩充广告内容的部分。请看煎锅的部分。商品的大小、款式后面有**材质**这一栏。在这一栏中，说明了煎锅各部分的材料。看到这个，就能明白锅把部分是塑料制的。

接下来，右下角的商品是便携式马桶。单看照片虽然能明白这是塑料制的，但不清楚使用的塑料是一种还是多种。广告上写了两种塑料的名字。如果把栏目里的字再放大点，就能看到在盖子和马桶上标记着两种不同的塑料名。

像这样，如果仔细观察印在报纸、杂志上的广告，就能获得“什么塑料使用在什么地方？”的信息，这是在短时间内浏览电视、广播信息不能得到的，也是文字信息所特有的特征。打开报纸时，请一定找找看。

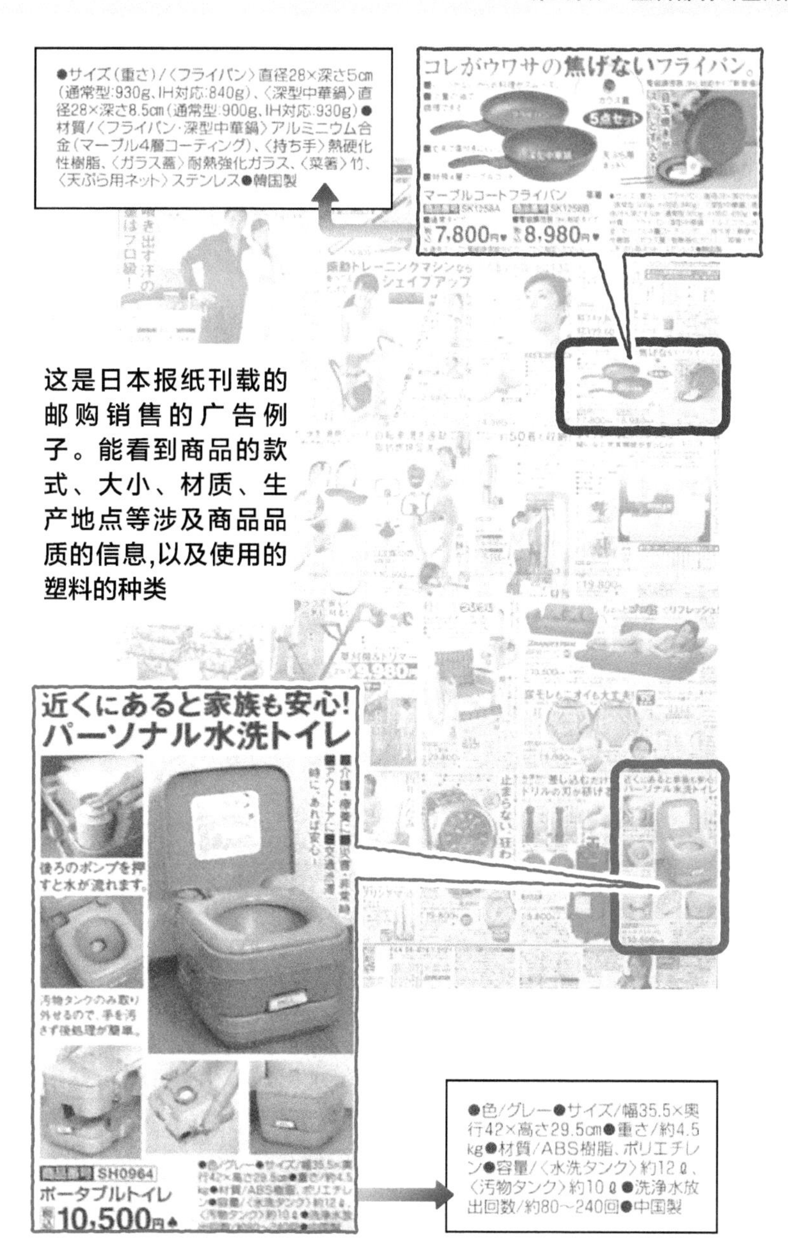

图2–1　通过报纸的广告页能够确认种类

2.2 塑料的标记方法

大家都应该知道如何从报纸上的邮购广告中了解塑料的适用范围了吧。在此，我将说明一下塑料的标记方法。

首先我要介绍的是，日本在塑料标记中所使用的名称。这些名称是由日本在1962年制定的**《家庭用品品质表示法》**（1999年修订）决定的。这项法律是为了让市民能判断、理解其使用的家庭用品的品质，其中也对表示品质的方法进行了规定，塑料制品的表示方法如**图2–2**上图所示。

在这个描述中，由上至下依次标明了“原料树脂”、“耐热温度”、“容量”，而且“原料树脂”处标明了“主体 聚乙烯”、“盖子 聚丙烯”，而“耐热温度”处标明了各种数值。根据不同的使用场合，我们能够了解多种塑料区分使用的情况。还有，虽然法律规定的标记项目是原料的聚合物、耐热温度、耐冷温度、尺寸、容量、数量和使用上的注意事项，但在实际的标记中会有一些信息被略去。

根据分类方法不同，塑料就有100余种标记名称。因此，在法律上，塑料被分成了23种家庭常用塑料和其他塑料共24种塑料。而且，在标记中使用的名称也被指定了。本书将就这些塑料的使用范围和使用方法等问题予以说明。

虽然对《家庭用品品质表示法》规定的塑料的名称进行了说明，但实际上还有一种名称标记方法。这个方法是为**再利用**已使用过的产品所做的标记。

塑料容器材质标记事例

原料树脂	主体	聚乙烯
	盖子	聚丙烯
耐热温度	主体	110℃
	盖子	120℃
容　量		3.5L

注意事项
•请勿靠近火源。
•请灌满热水后使用。
•请不要长时间紧贴身体使用。

软塑料股份有限公司
电话　01-2345-6789

合成树脂加工品的原料树脂的指定用语			
1	聚乙烯	14	聚缩醛
2	聚丙烯	15	聚酰胺
3	聚氯乙烯树脂	16	尼龙
4	苯酚树脂	17	聚氨酯
5	脲醛树脂	18	饱和聚酯树脂
6	三聚氰胺树脂	19	聚氯亚乙烯
7	不饱和聚酯树脂	20	聚丁二烯
8	聚苯乙烯	21	EVA 树脂
9	苯乙烯树脂	22	聚甲基戊烯
10	AS 树脂	23	异丁烯苯乙烯
11	ABS 树脂	24	表示其他原料树脂种类通称的用语
12	异丁烯树脂		
13	聚碳酸酯		

标记材质中使用的塑料的名称。塑料的名称是根据日本《新家庭用品品质表示法向导》法决定的

图2-2　塑料的标记名称

众所周知，现代生活中塑料产品已很普及。把塑料产品当垃圾废弃掉是对资源的浪费，而且对环境也会产生污染。因此，人们不再把使用完的产品当垃圾处理，而是作为资源再利用。然而，如果不清楚产品的原料，就不能有效地再利用。因而日本的《**资源有效利用促进法**》（2001年施行）规定，要对每一个产品附上能识别原料的标记。

识别标记是由表示再利用的箭头符号和表示材料的文字组成的。如**图2-3**所示，铝是铝罐、钢是钢罐、纸是纸制品、PET是指塑料瓶。除了上述产品以外，还有电池和用**聚氯乙烯**制成的建筑材料，以及塑料瓶以外的塑料容器、包装品。

随着贸易的不断繁荣，日本的产品不断在国内外流通，所以日本在确立本国法律以前，一直使用被称作“**SPI代码**”的再利用标记，这个标记是以再利用的箭头和材料的记号组成的。然而，记号不是塑料的名字，而是图2-3最下面所示的数字和省略了名字的缩写。

这个SPI代码把塑料分成了七种。除PET以外，还有聚乙烯的“HDPE”“LDPE”（前者表示硬，后者表示软），聚氯乙烯（PVC）、聚丙烯（PP）、聚苯乙烯（PS）以及其他（OTHER），共七种。

日本《资源有效利用促进法》规定的原料的识别标记

铝罐	钢罐	塑料瓶	纸	塑料
アルミ	スチール	1 PET	紙	プラ

在塑料制品上附上表示所用塑料种类的标记

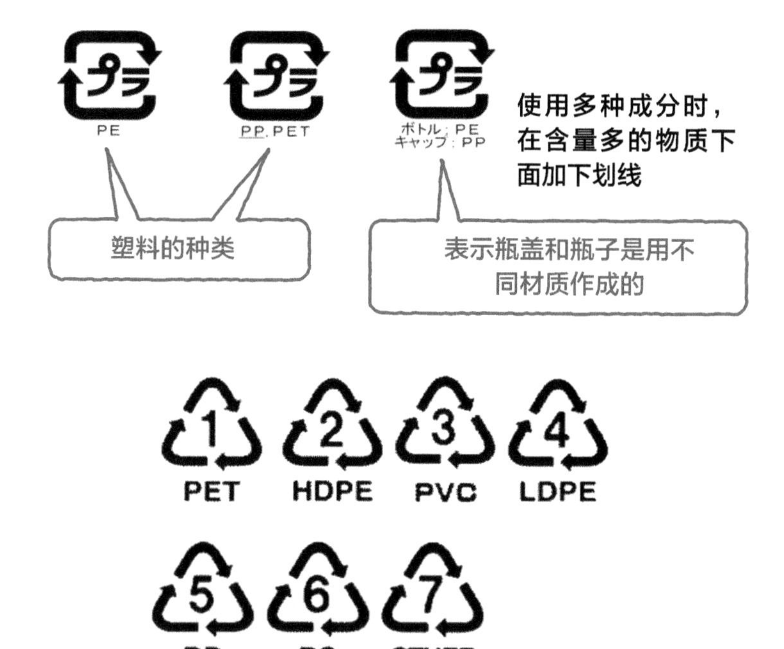

这是SPI码，是美国规定的塑料制品原料的识别标记。在日本有时这个标记和日本标记会同时使用

图2-3　为了再循环利用的表示

2.3 为什么会有开孔的包装?

家里吃剩的食品，要马上用保鲜膜密封保存。当然，买的食品也应立即用保鲜袋、纸张不漏缝隙地包装好。然而，我们常会看到有的包装上开了许多个5mm大小的圆孔(**图2-4**)。这些包装没问题吗?

开了圆孔的包装是**蔬果**和**谷物**的包装袋。在大米的包装上还开了几乎不能被察觉的小洞。为什么要使用开了孔的包装呢？这与食品的性质有关。蔬果和谷物是植物。说起植物，我想大家在生物课上都学过它是靠光合作用和呼吸作用生长的。实际上，收获后的蔬果和谷物还在进行呼吸作用，因此让其能吸收氧气、排出二氧化碳和交换水分显得尤为重要。要是密封包装，植物就会缺氧，而且食品会因失水而萎蔫，这样一来，很快就会变得不新鲜了。

对呼吸旺盛的蔬果，应通过对包装开孔，散出其湿气，调整氧气和二氧化碳的浓度。不过如果是谷物，由于植物的种子处于休眠状态，开小孔就足够了。

将收获后的蔬果，在氧气和二氧化碳不同于空气中浓度的环境下进行保存，能使其休眠。此时二氧化碳浓度为3%~5%（空气中是0.03%）。另外，通过降温也能抑制其呼吸，下降10℃，呼吸速率减半。在保存和运输中会对蔬果进行冷藏，苹果一年以后仍能食用，就是应用了这一技术。

水果、蔬菜等在收获后仍在呼吸。因此开孔来调整包装内氧气、二氧化碳和水分含量

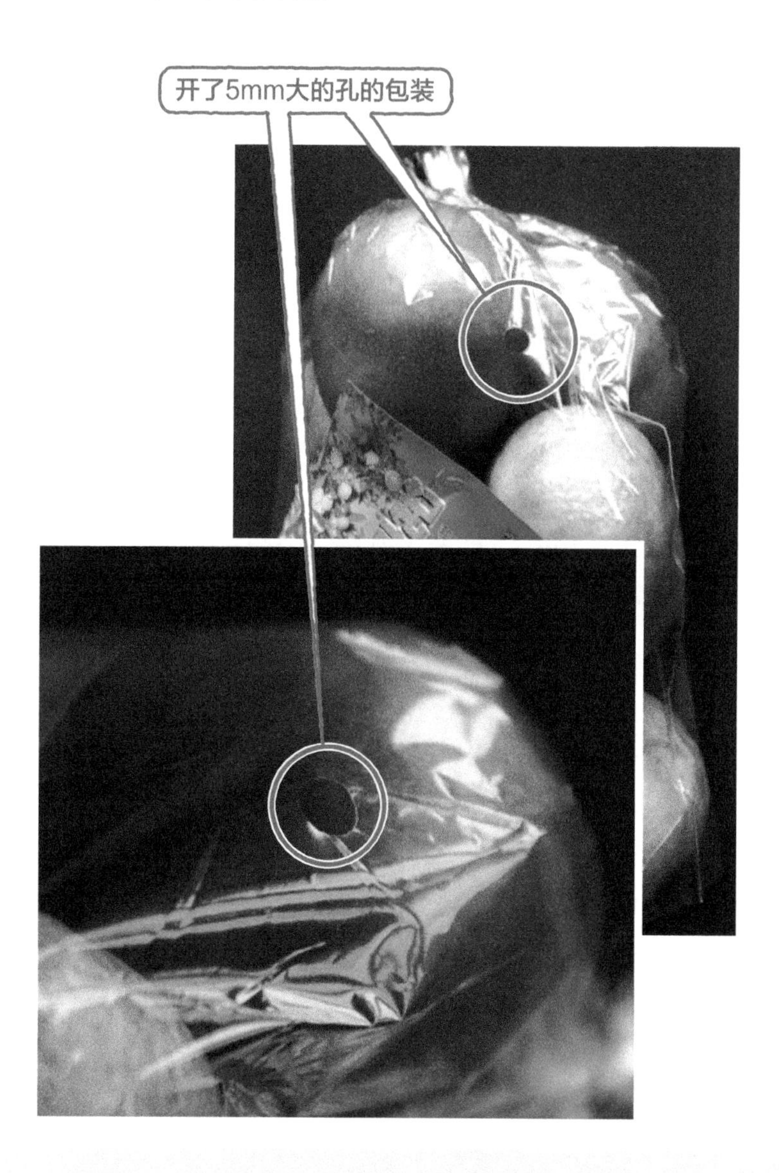

图2-4　包装上开孔的理由

2.4 包装能防什么？（湿气）

开了孔的蔬果的包装，能起到控制蔬果呼吸的作用。另一方面，有的东西必须用保鲜袋、纸密封包好。两者的共同点是保护产品免受污染、伤害、被杂质侵入。此外包装还有提供产品名称等信息的作用。这些不仅限于食品，但在这里，我只讲一下**保护食品特有品质的作用**。

哪些因素会对食品品质有影响呢？对蔬果而言，呼吸产生的水对其品质有很大影响。因而，包装袋上开了能让湿气散出的孔。实际上，呼吸作用产生的湿气对其他食品也有影响。为了不让湿气对食品产生影响，一般会在包装中放入**干燥剂**。那是不是说包装会让湿气通过呢？要是用密封性能很高（因而高价）的包装，就能完全隔离湿气。但是，为了能让消费者看到食品，就必须使用透明的包装，而且为了控制价格，就得使用便宜的包装，而这种包装的性能自然会差一些。所以为了弥补包装的性能不足，就需要使用干燥剂。

也就是说，塑料袋和包装纸等包装在隔离湿气的能力上是有差别的。如**图2-5**所示，既有具备排斥水、让水难以通过的性质（**疏水性**）的**聚乙烯**、**聚丙烯**，也有能让水轻易通过的塑料。图中黄色的线是疏水、亲水的分界线，越靠左侧表示湿气越难以通过塑料。

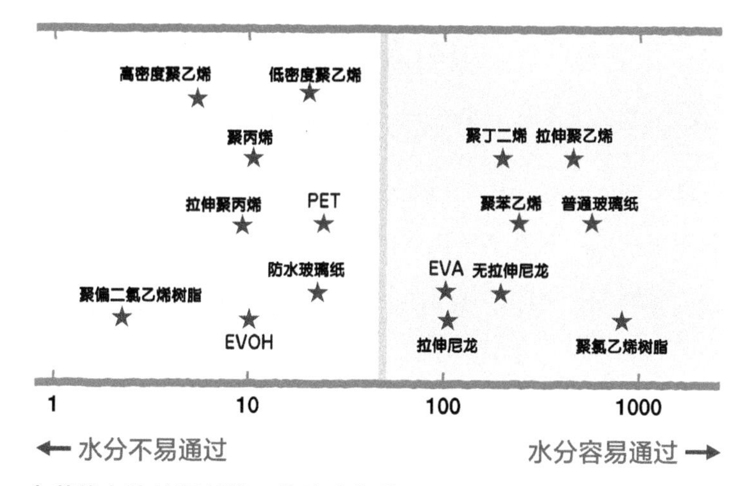

在黄线左边的塑料能用作防水包装，右边的不适用

数据参考：《新食品包装用薄膜——弹性包装，理论和应用》（再修订版），大须贺弘著，日报IB，p303，2004年

图2-5　每种 塑料的防水性

column　自古以来的包装材料和作用

在端午节吃的粽子，虽然各地的形状可能不同，但都是用粽叶包住。粽叶如果从茎部被摘下，就会立刻枯萎，所以粽子的新鲜度就能用粽叶的枯萎程度判定。包装本身就表示了新鲜度，古人太有智慧了。

古人除了用粽叶，还用竹皮、槲树、柿子的叶子等包装食品。除了富于植物皮和叶子的香气，它们还具有杀菌等作用。但是，如今使用植物包装或装饰食品已过时，只是用模仿植物形状的塑料制品进行包装或装饰。其代表就是叶兰。

“叶兰”是从中国传来的植物。叶兰的茎和果实可入药，而叶则用于装饰插花和寿司等食品。现在都采用模仿叶兰的叶子形状制成的塑料制品来装饰便当。

2.5 包装能防什么？（气体）

包装的防水性不同，气密性也是不同的。如**图2–6**所示，塑料的种类不同，其气密性也不同。以图中绿色的线为分界线，越往右，越容易让氧气通过，越往左，越难让氧气通过。观察此图可以发现，很难让湿气通过的聚乙烯、聚丙烯却很容易让气体通过，从而不能同时防湿气和氧气。因此，要与**氧气清除剂**并用。

为什么同一种塑料不能同时防湿气和氧气呢？原因是具有疏水性的塑料表面虽然能防湿气，但因为氧气等气体会激烈碰撞塑料表面，它就能穿过薄的塑料。当然，它不会在塑料表面开孔，只是穿过了组成塑料的分子间的间隙。分子是不断运动的，在运动中产生了微小间隙，气体就通过间隙穿过薄膜。相反，要是增加薄膜厚度，就能在中途阻止气体的穿入。

生产塑料时，如果聚集分子，就能减小分子间隙。具体方法是用力拉伸原料，使分子整齐排列。这被称为**拉伸薄膜**，但这种方法也不是万能的。因此还需要让分子间结合更强，从而减小分子间隙。图2-6中淡蓝色线左边的塑料即为拉伸薄膜。

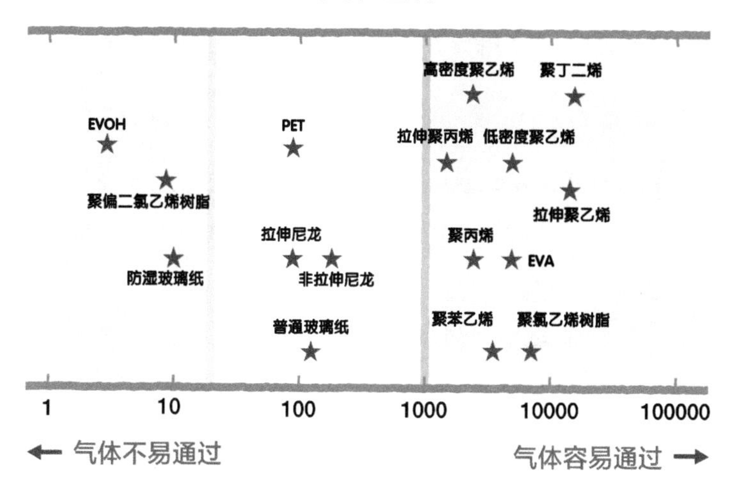

绿线右边的塑料易让气体通过，蓝线左边的塑料难让气体通过。

数据参考：《新食品包装用薄膜——弹性包装，理论和应用》（再修订版），大须贺弘著，日报IB，p303，2004年

图2-6　塑料的气密性差异

column　飞艇和包装“氦气和耐气薄膜”

轻且不会燃烧的氦气正在取代氢气被用在气球和飞艇中。最近的气球表面贴了难让气体通过的金属，蒸镀了不透明的薄膜。但是金属易导热，一旦在低温环境下，冰就会附着在表面，因此它不适用于高空飞行的飞艇。

所以飞艇上使用了不让湿气通过、也不会冻结的食品包装用的塑料薄膜。它是由聚乙烯和聚乙烯乙醇合成的EVOH树脂，即使在空气浓度只有地上1/15~1/20高空中也不会让氦气逸出，其气密性是聚乙烯的一万倍。

名为“平流层平台”的全长47m的无人飞艇，其外部就使用了这种薄膜，内部使用了重量只有铁的1/5~1/6，但强度和铁一样的聚芳酯系超级纤维。

2.6 万能包装能制作出来吗?

能够同时防湿气和氧气等气体的包装材料是存在的，但是只用一种塑料是不能制作出这种包装的，我们需要把各种性能优越的塑料黏合在一起。

黏合即把原料塑料拉伸、变薄，加工成薄膜。然后通过使用黏合剂、加热，把薄膜粘在一起。一般黏合薄膜不只限于两层。在保鲜膜中，也有5张薄膜黏合在一起的产品。黏合的材料中也有拉伸变薄了的金属箔。我们把这些相互粘贴的薄膜称为**复合薄膜**。

根据复合薄膜的构造来看，可分成**基材薄膜**、**密封薄膜**等。基材薄膜是复合薄膜中的主要薄膜，密封薄膜如其名字一样，是用于密封包装的薄膜。

最具代表性的密封包膜就是**聚乙烯**、**聚丙烯**，一旦对其加热即变软，施加力量即会很容易地融合且能够密封，这些薄膜可与商品直接接触。

图2-7中是贴了能防紫外线和氧气的铝箔的例子和未贴铝箔的用于包装熟食的透明密封薄膜的例子。薄膜是由防湿气和气体的基材薄膜、防湿气的**拉伸聚丙烯**的密封薄膜和不用食品盒时起辅助作用的**尼龙薄膜**等材料黏合而成的。有趣的是，商品的说明是在基材薄膜的内侧面向外侧印刷的。

多层塑料粘贴在一起形成的复合薄膜的横截面图用于。包装食品的塑料，有透明的和不透明的

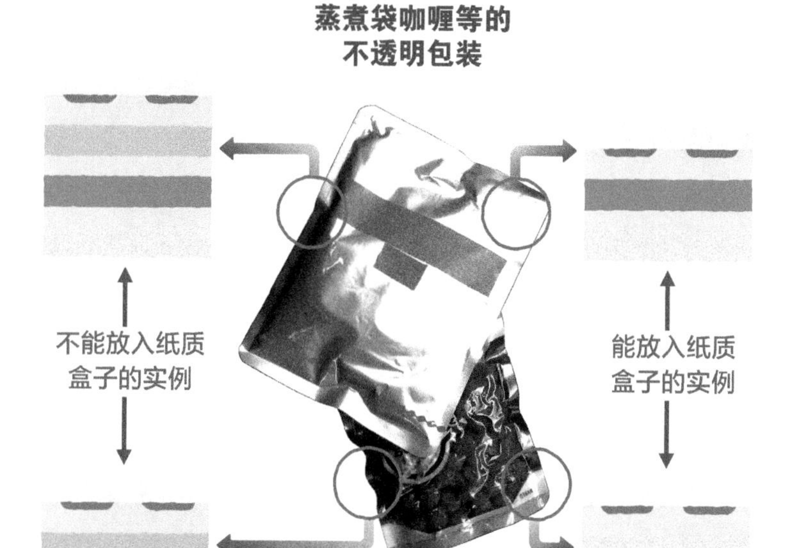

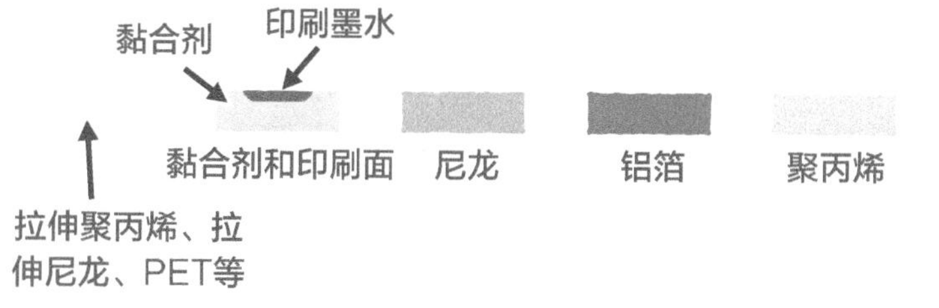

图2-7　万能包装——复合薄膜

2.7 剥离不下来的复合蒸镀是什么?

最近出现了一种比一般薄膜薄的薄膜。它也是复合的吗？复合薄膜是由厚度为十几到几十微米的薄膜黏合在一起形成的。这里要讲的薄膜厚度只有0.01μm。1μm是1mm的千分之一。

大家剥过巧克力或糖果的金色、银色的包装纸吗？这些包装纸有的很轻易就能剥下，有的不那么容易剥下。能剥下的包装纸相对于手来说即使很薄，也有几微米。不容易剥下来的那种更薄，是一种被称为**蒸镀薄膜**的合成薄膜。

蒸镀是很晦涩的语言，意思是把气化的物质A堆积到另一种物质B的表面上。顺序是先把A和B放入真空腔体中，然后加热A使其变成气体而充满整个腔体。再冷却B，气体分子A就会吸附到B的表面，这样就会沉积几层至十几层厚的分子A。这是**物理蒸镀法**（PVD）。还有不直接用物质A，而是先让原料C发生反应生成气体A，再让A与B结合的**化学蒸镀法**。

蒸镀虽然比复合薄膜更难制作，费用也更高，但能将难以复合的成分也制成膜。利用这个方法，可以蒸镀出与玻璃材质相同的氧化硅，制成性能不亚于玻璃瓶的透明的蒸煮包装袋和塑料啤酒瓶。**图2-8**中所示的是利用化学蒸镀法在塑料薄膜上蒸镀出新碳化物的蒸煮包装袋材料的横截面，以及化学蒸镀法的原理。

将DLC这种物质蒸镀到塑料瓶内壁的装置的示意图。照片为电子显微镜观察到的蒸镀塑料瓶内壁的横截面。5nm是5m的十亿分之一。DLC只能用碳原子做成。这个薄膜，阻止氧气通过的能力比塑料瓶强20倍，阻止二氧化碳通过的能力比塑料瓶强4倍，因此可制成用于保存茶和啤酒的容器

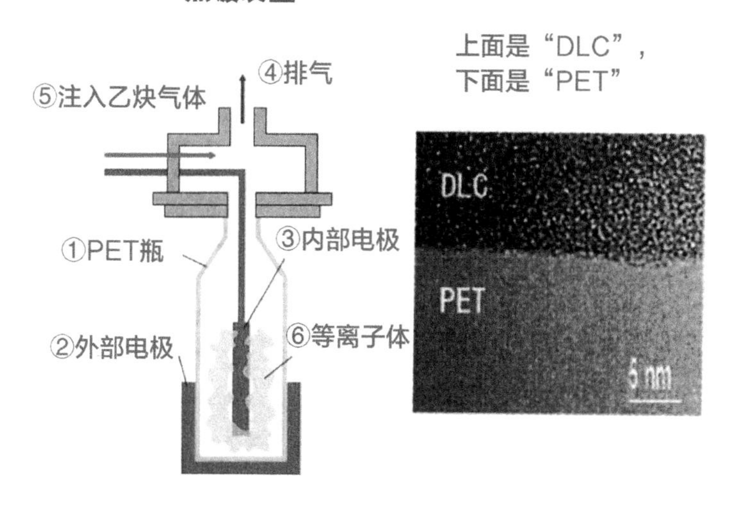

出自：《化学和工业》60卷，5号，p514&515，2007年，日本化学会

图2-8　蒸镀了碳原子的塑料瓶

2.8 日本最初采用复合薄膜包装的是什么食品?

复合薄膜包装最初没用在食品上，而是用于密封香烟盒。那时使用的材料被称为**聚乙烯玻璃纸**，它是由**玻璃纸**和**聚乙烯**制成的复合薄膜。

最初应用复合薄膜包装的食品是20世纪50年代开发的**方便面**。众所周知，方便面是用油炸后干燥了的面条，是能立即食用的划时代的食品。然而如果油被氧化，或面条受潮，其品质就会下降。因此，方便面包装必须能防湿气和氧气。

当时使用的包装材料是廉价且容易印刷的透明玻璃纸。但是，湿气很容易通过玻璃纸，这对不耐潮的食品和香烟等来说并不适用。玻璃纸在掺入了石蜡和橡胶后，被改良成为**防水玻璃纸**，于1950年在日本开始生产，之后它就被用于包装香烟和牛奶糖等。

这种防水玻璃纸也有缺点，那就是想要密封包装就必须将玻璃纸接合在一起。对于大量的包装来说很费工夫。与此相反，聚乙烯受热后很容易接合在一起，然而聚乙烯和玻璃纸不同，它排斥油，不能在其表面上印刷。

因此在1954年开发的聚乙烯玻璃纸是把能进行彩印的玻璃纸作为外侧，受热易接合的聚乙烯作为内侧的复合薄膜。于是，它也就自然地被用于包装1958年开发的方便面了。

如果对由ab两层薄膜粘贴在一起形成的复合薄膜进行加热

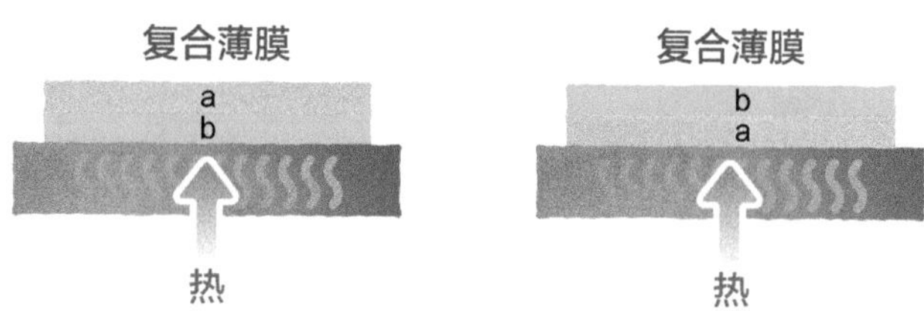

左边是a上b下，右边是b上a下。那么，与上侧薄膜相比，靠近热源的下侧薄膜会伸得更长吗？不是。其实无论哪种情况，伸长的那层薄膜还是伸长，无论它在上侧还是下侧

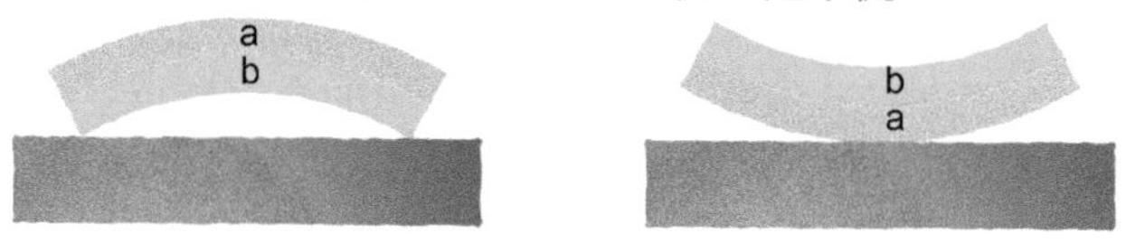

这是由两层薄膜的膨胀程度不同引起的

两种膨胀系数不同的金属薄膜粘贴在一起就可制成双金属片。这个双金属片就如下图所示，可用作温度计的传感器

温度计表面

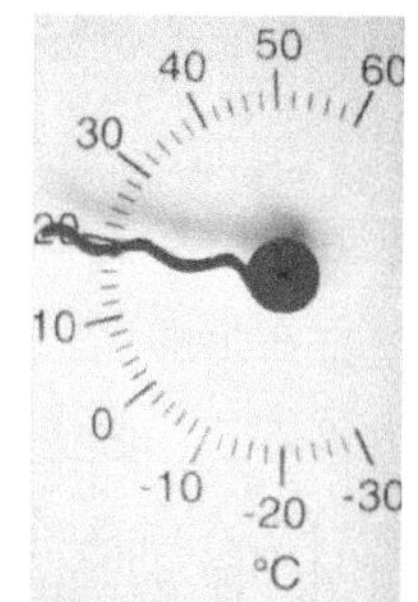

靠双金属片的伸缩来转动温度计的指针

双金属片

复合薄膜的厚度只有万分之几毫米，假如能像双金属器件那样加工成一到几十分之一毫米的厚度，它就有可能取代金属而做成温度传感器

图2-9　复合薄膜的性质

2.9 蒸镀制成的复合薄膜只用作包装容器吗?

蒸镀是将想要沉积的材料变成气体，以千分之几微米的厚度沉积到薄膜等材料表面的加工方法。使用的沉积材料是与塑料不同的金属及与玻璃相同的二氧化硅等。

将金属薄片夹在塑料中间的例子是**CD和DVD**。CD和DVD的一面呈现出银色的光泽。银色是由光盘中的金属层反射读写数据的激光而产生的。

CD和DVD的横截面如**图2–10下图**所示。主体使用的是透明度高且硬度高的**聚碳酸酯**塑料。将铝气化沉积在塑料间就形成了**反射层**。当激光射入光盘时，会被这个反射层反射，光盘表面凹凸的形状不同，反射光的强度就会随之变化。另外，如**图2–10上图**所示，凹凸都很小，每个凹凸区都是细小的信息，它们被称为**数字信息**。

这些小的凹凸是将塑料原料加热至100℃以上，使其变软，再由模具挤压加工而成。成型后再蒸镀反射层，并在上面压上塑料原料。因此要求塑料必须具有硬度高且耐高温、不易膨胀的性质。这些性质是普通的容器、包装使用的**通用塑料**所没有的，比通用塑料高一个级别的塑料才具有这些性质。聚碳酸酯是机械性能强的塑料，因此也被称为**工程塑料**。

在塑料上蒸镀金属的另一个例子就是**镜子**。有家用镜子和不使用透镜而是通过光的反射来观望天体的反射式天文望远镜等。为了制作反射面，有在镜子的一面上用化学法蒸镀银的，也有蒸镀铝

在塑料上蒸镀铝的例子。蒸镀的铝起到反射用于读取信息的激光的作用。DVD是两张CD盘重叠的构造

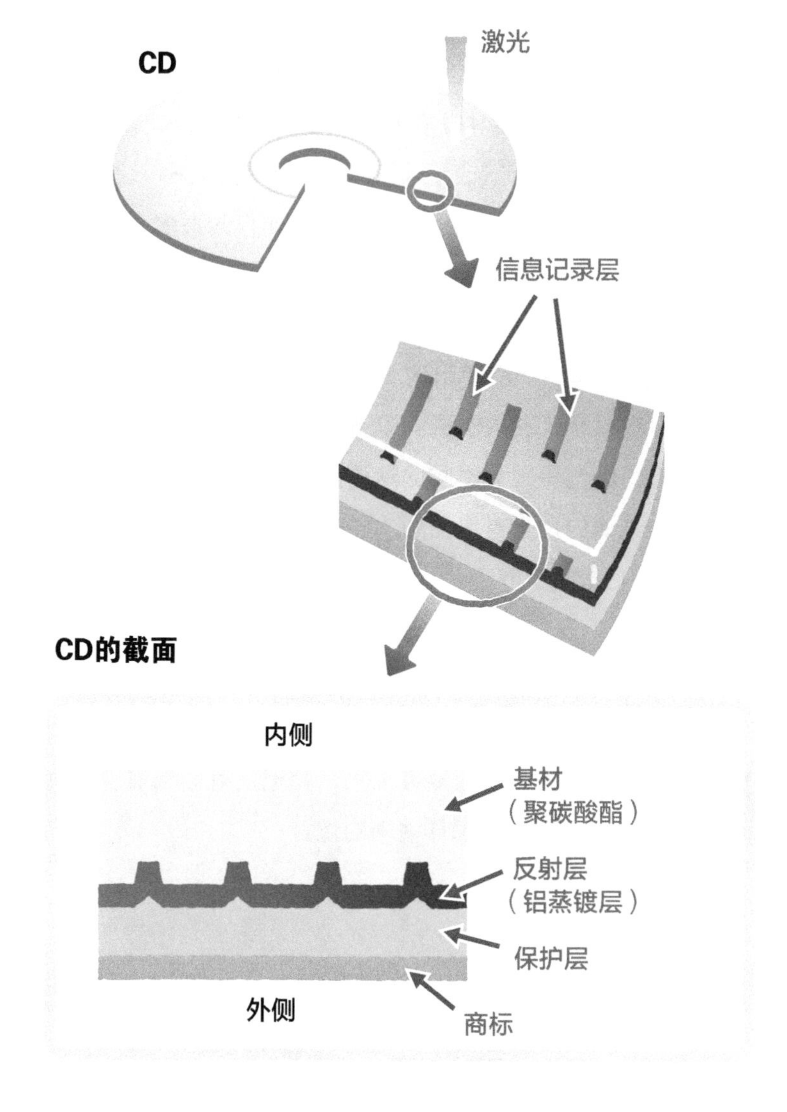

图2-10　CD中蒸镀技术的应用

的。最近，加工简单的蒸镀品多了起来。

用玻璃制成的镜子，根据使用方法不同，像有时会变得模糊。对普通的镜子来说，前面是玻璃。因此通过玻璃由反射面反射的光和由玻璃前表面反射的光都会进入人的眼睛。因此，就像**图2–11**上图一样，由反射面成的像和由玻璃表面成的像都会进入眼睛，我们就会看到重影，这样像就会变得模糊。那么，为了不使像模糊，要如何做呢？如果把反射面作为前表面（图2-11中图），就能消除重影，这种镜子被称为**前表面反射镜**（front surface mirror）。虽然镜子前表面很容易受损，但在清晰度要求很高的天文望远镜中，会使用这一方法。

也有用塑料替代玻璃制成的镜子，比如在野外使用的能承受沙尘、盐害、废气等因素影响的弯道反射镜和后视镜。在这些镜子中，除了玻璃的，也有镜面和主体都是不锈钢的和塑料的。塑料镜子使用了透明度不亚于玻璃的**甲基丙烯酸酯树脂**和**聚碳酸酯**。塑料虽然比不锈钢更明亮了，但容易沾上汽车尾气等油污，且不易清除。

此外，还有适于制作万花筒等的很柔软且能用剪刀随意裁剪的塑料镜。由于在塑料表面蒸镀上铝，并把反射面当前表面用，因而能得到像**图2–11**下图那样清晰的像。

普通镜子映射的夹子和像。
反射面成的像和玻璃前表面反射成的像会重叠，因而看上去就会变得模糊。

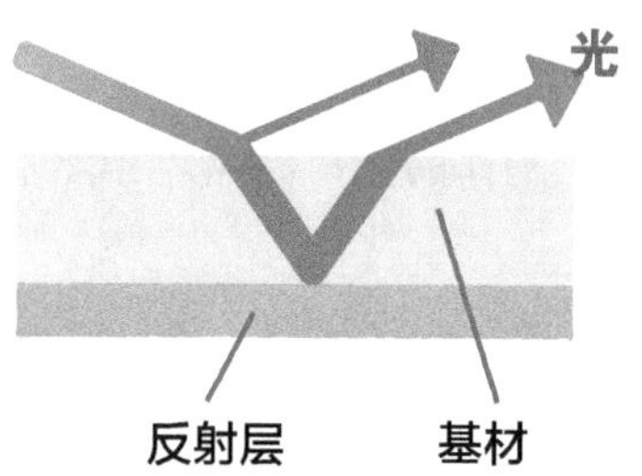

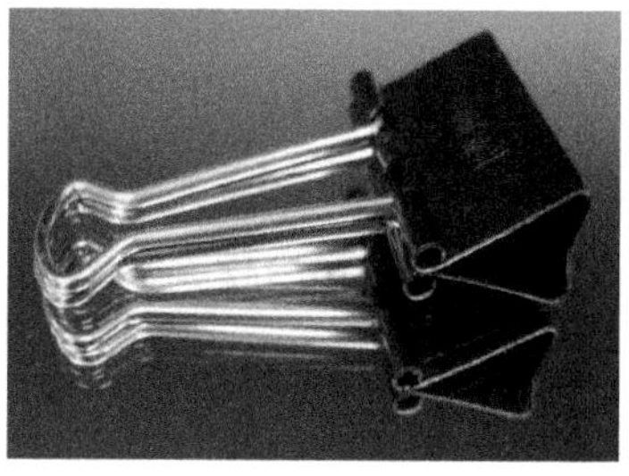

在玻璃等的前表面蒸镀上铝制成镜子的反射面，就能得到清晰的像。

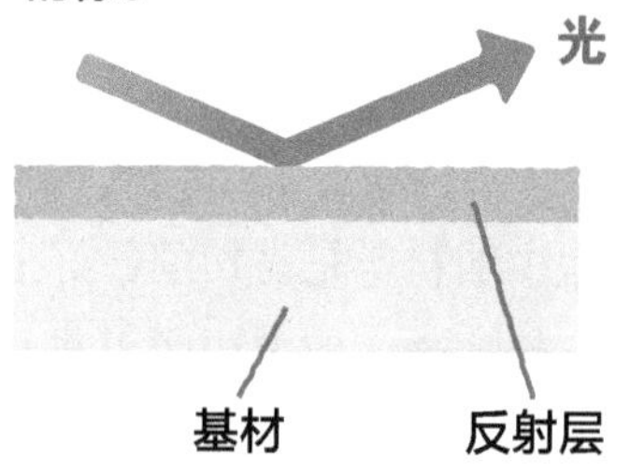

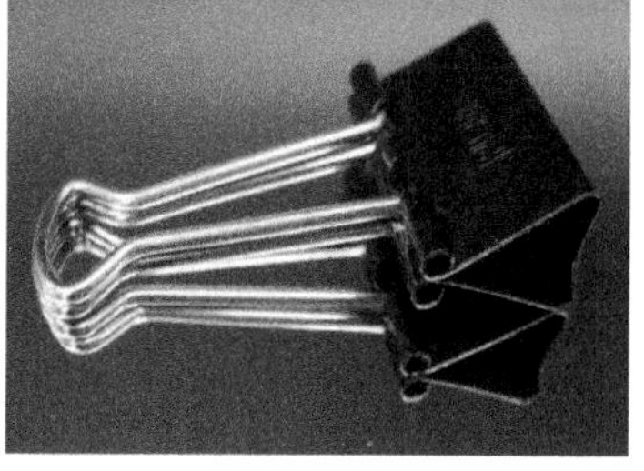

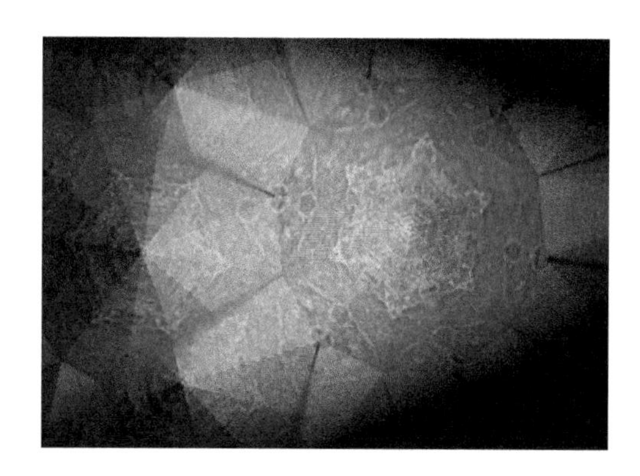

照片是使用前表面反射镜制作的万花筒，前表面反射镜也被应用在照相机的反射镜、反射式天文望远镜以及铝制后视镜、弯道反射镜中等需要清晰成像的地方

图2-11　前表面反射镜和普通镜子的不同

2.10　食品模型是如何制作的？

小吃、茶饮等的**食品模型**是手工制作的塑料制品。当然米粒等细小的部分是利用模具大量生产的。

食品模型的诞生有多种说法，据说最初是在20世纪30年代初由住在日本大阪扇町的岩崎泷三制成的。与现在的方法不同，岩崎使用琼脂制出食品的模型，并向模型中注入**石蜡**，凝固后再用绘画颜料上色而成。

取代琼脂制作食品模型的材料是耐热性强、与水混合后比琼脂更易凝固的**硅树脂**。由于加入管内的白色树脂排斥水，因而被广泛用于防水密封。而且，注入模型中的材料是易切削、好上色的**聚氯乙烯树脂**，以液态形式使用。将该液体用专门的电烤箱加热即可凝固成型。

用聚氯乙烯树脂制成的食品模型，即使在夏天也不会变软，凝固后也不会变浑浊，能很好地表现出食品的透明感。对用聚氯乙烯树脂不能制作的面包、蛋糕等发泡食品的模型，采用是**发泡聚氨酯**，而制作汉堡上的酱汁等用的是受热易熔化的**聚丙烯**。

汉堡模型的制作方法是，用硅树脂包住实物的汉堡，制作出凹陷的形状。向其注入液态的聚氯乙烯树脂，去掉泡沫以后，再用电烤箱加热到170℃左右使其凝固。之后将其周围修剪得漂漂亮亮，以实物作参考喷上**丙烯酸颜料**或用笔画上彩色即可完成。**图2-12**中展示的是制作模型时使用的材料、器具，以及饮品的模型。

① 液态的聚氯化乙烯树脂
② 上色用的丙烯酸颜料
③ 固化液体原料的烤箱
④ 溶解了巧克力色颜料的甘油
⑤ 放入杯子中的巧克力色的原料
⑥ 注入奶油(硅树脂)
⑦ 加上水果模型后，整个模型就完成了

水果模型是向模具中注入混合了颜料的原料，再用烤箱加热固化做成的

图2-12　食品模型的制作方法

2.11　丙烯酸颜料是什么？

美术展中展出的画好多是**油画**，但油画有一个缺点，那就是长时间接触空气，油会被氧化，画的表面就会产生裂纹，好不容易完成的画就会作废。因此，人们便想到使用由塑料制成的**丙烯酸颜料**。这种颜料不是用油，而是用水溶解后使用。

使用溶于水的染料作为颜色材料的是**水彩颜料**。一般的水彩颜料是把染料混入**阿拉伯胶**中制成的。这种阿拉伯胶一旦接触到纸，里面的染料就会被固定在纸上。

与此相对，丙烯酸颜料是把染料混入**丙烯酸树脂**中制成的。丙烯酸树脂常被用于制作水箱等，硬度高、透明且不溶于水。因此，使用时就需花费一点工夫。丙烯酸树脂是由许多**小分子（单体）**结合制作而成的。这种分子虽然不能溶于水，但能与水混合在一起。色拉调味汁也是由于使用了**乳化剂**，才使原本不能与水混合的成分与水混合在一起的。同理，使用乳化剂将丙烯酸树脂与水混合然后将燃料溶于其中，得到的物质就是丙烯酸颜料。

用水稀释丙烯酸颜料，如果在纸等介质上绘画，颜料中含有的树脂就会变成透明的丙烯酸树脂。这种树脂与油不同，即使与空气接触也不会出现裂纹。因此，作为替代油画颜料的绘画颜料备受瞩目。

溶于水的丙烯酸颜料，其中的水分一旦蒸发，颜料的小分子●就会变成大分子，最后只留下丙烯酸树脂

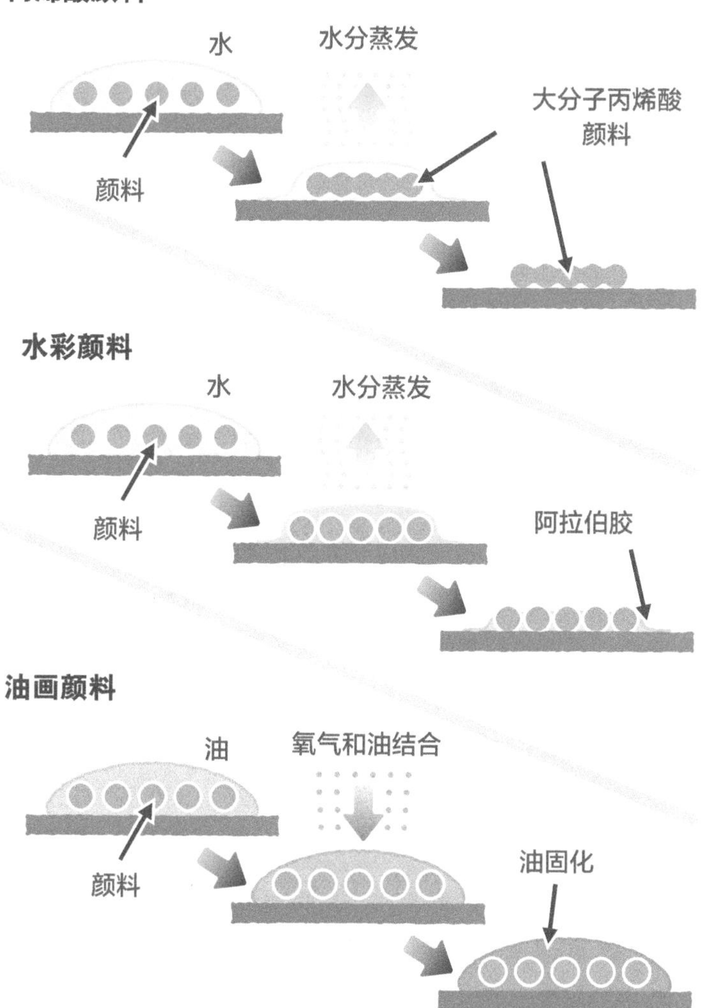

图2-13　丙烯酸颜料和水彩颜料、油画颜料的差别

2.12 与身体相关的塑料都有哪些?

塑料在医疗领域也有应用。植入体内的著名塑料就是丰胸手术用的**硅树脂**（又称硅胶）。1940年左右开发的硅树脂与普通塑料是不同的，其基本骨架与玻璃一样，为二氧化硅。此外，其骨架与生物体有机物原子的聚合体相结合，形成了同时具有无机物和有机物两种性质的独特的物质。

由于这种塑料具有耐热、不易燃烧、耐药性、疏水性等优秀性质，最初被用作军用发动机的润滑剂。然而，当发现在内侧涂有这种物质的瓶子中储存的血液不易凝固后，美国医生在1946年把它应用在丰胸手术上。1950年，日本医生也用它替代受损的输尿管。然而，当发现了丰胸手术会提高乳腺癌发病率的危险警告（1967年）后，大量的诉讼案件出现了。这大概是因为研发者没有充分研讨材料对活体的适应性和材料的卫生性导致的吧。

在家庭中，我们常用的塑料制品有**牙刷**和**牙线**。刷牙虽然不属于医疗领域，但它对预防蛀牙起着重要的作用。牙刷柄以前是用赛璐珞制的，现在是用**饱和聚酯**、**纤维素系**的塑料制成的。而且，牙刷毛以前一直用的是动物的毛，现在用**尼龙**替代了。

在牙科领域中使用的塑料包括**树脂假牙**和塑料的蛀牙治疗材料等。假牙和假牙床的材料由赛璐珞换成了**丙烯树脂**，进而又被**聚碳酸酯**和**聚砜**代替。在蛀牙治疗中也使用被可视光照射后会固化变硬的牙套填充材料。

在医院，注射、抽血、输液等操作中会用到各种塑料制的医

在人工透析器中放入了大量中空塑料纤维。利用纤维壁上的微孔，排除血液中的杂质

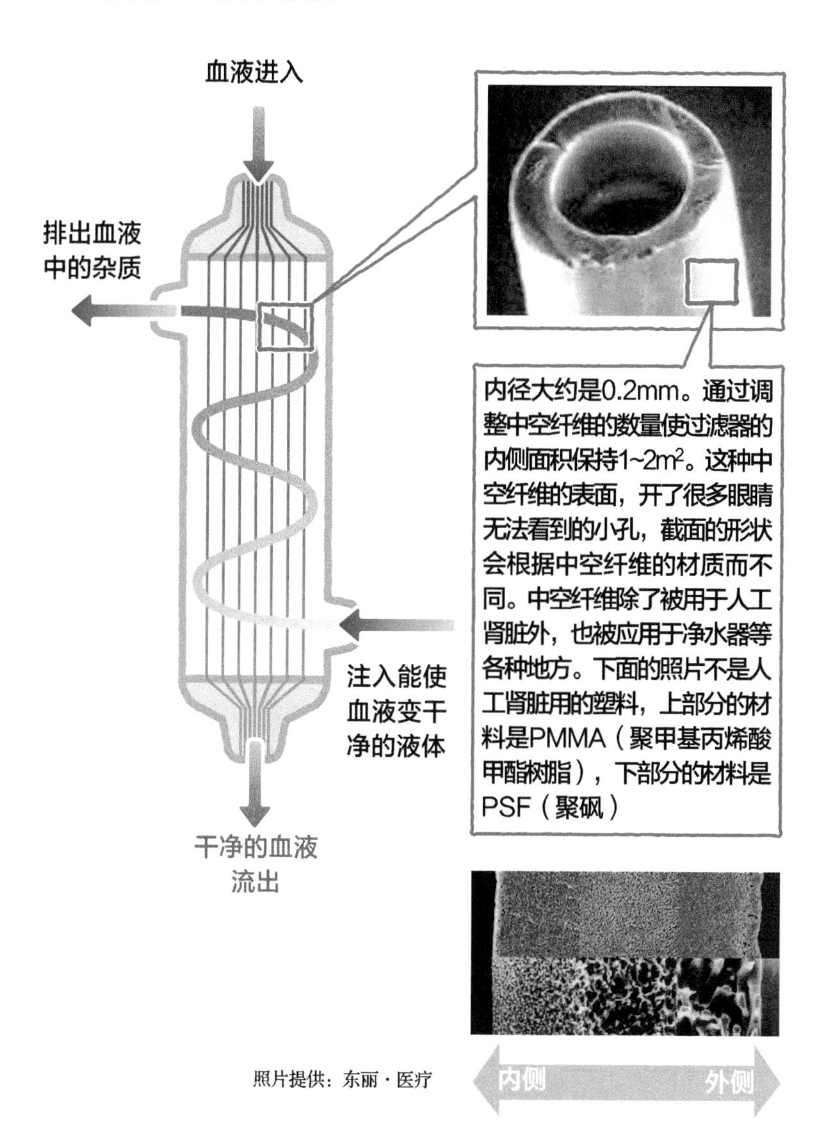

照片提供：东丽·医疗

图2-14　人工透析器的结构

疗器械。这些医疗器械以前是玻璃的，使用后，要洗净、杀菌，进而再利用，这样就存在因消毒、清洗失误引起院内感染的可能性。因此，**一次性**的塑料制品取代了它。同时，塑料比玻璃更易上色、成型，同时加工精度高，制作成本低，触感好，能给人温馨的感觉。

这些医疗器具使用的是**聚丙烯**和高密度的**聚乙烯**，对硬度有更高要求的器具，使用的是**聚碳酸酯**。对透明性要求高的器械使用的是**聚酯**。输液管等柔软部件，使用的是**硅树脂**和性质与橡胶相似的**热塑性弹性体**，有时候也会使用柔软的**聚氯乙烯树脂**。

也有对活体有较好适应性的器具。尤其对血液来说，如果吸引或排斥血液中水分的平衡一旦被破坏，它就会凝固。因此长时间和血液接触的人造器官、血管或是细管（导尿管）等都是用**硅树脂**和**特氟龙**（**PTFE**）制成的，并用不会引起凝血的血管内部的细胞及不会引起血栓的胶原蛋白、明胶等覆盖其表面。

使用半透膜去除血液中有害废物和多余水分的**人工肾脏**，以前是由**丙烯酸脂树脂**和产自棉花的**再生纤维素**制作的，而今正在被活体适应性更优越的**聚砜**所取代。而且，为了提高透析效率，在很细的中空管的表面上，开很多眼睛看不见的细孔。

用来检查小肠、大肠等消化管道的“胶囊型内视镜”
患者像服用药物一样服下，就可在体内进行8小时的拍摄

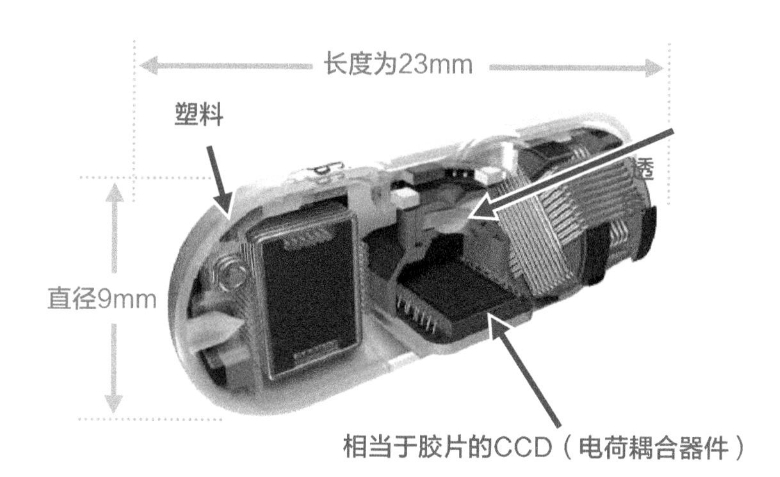

照片提供：RF

图2-15　胶囊型内视镜的结构

column　活跃在身体检查领域的塑料机器人

如果列举日本人的死因，胃肠溃疡和癌位于前列。检查这种病以前就采用了内视镜技术，最初的实用设备就是1958年日本开发的胃镜。就是向食道中通入一根前端内置照相机的细管。1975年左右，改良成玻璃纤维捆在一起直径为1cm左右的纤维内视镜片与照相相结合的产品。现在摄像机的相关设备也已经被广泛使用了。

机械人内视镜的出现极大地改变了人们对内视镜的看法，这就是内置照相机和存储器的圆筒形塑料制的胶囊型机器人。直径1cm左右，长度只有2cm。将胶囊内视镜口服吞入体内，通过体外的遥控器操作并记录。现在有几家企业正在开发不同类型的胶囊型内视镜产品。

2.13 硬质镜片和软质镜片的区别在哪里？

提到透镜，大家一定会想到眼镜。1608年荷兰人发明了眼镜，第二年伽利略把眼镜的原理应用到了望远镜上，并为世人熟知。直到20世纪后半叶**丙烯酸树脂透镜**被发明出来，之前一直使用的是玻璃镜片。

丙烯酸树脂是用于制作水箱等容器的既硬又轻的透明塑料。由于其对光的折射率比玻璃小，最初使用的树脂镜片很厚，无法做到比玻璃产品更轻。之后，通过在树脂中加氟、硫等元素得到的**环硫系树脂**，以及加入苯得到的**烯丙基系树脂**等折射率很大的塑料相继被开发出来，从而制成了可与玻璃比肩的超薄镜片。

树脂镜片的优点在于，不仅质量轻，而且只通过成型工序就能加工成精密的镜片，且无需研磨加工，比制造玻璃镜片的成本更低，因而应用在如打印机、CD-ROM的驱动器、数码相机的镜头上。

相比于只能同呈现有限颜色的金属离子相混合的玻璃，塑料镜片可与各种颜色的颜料相混合。因此，塑料镜片更能满足人们对时尚眼镜的要求。

现在，隐形眼镜也得到了广泛普及。令人意想不到的是，其实隐形眼镜的历史很悠久，早在19世纪末就登上了历史舞台，而且最初的镜片是玻璃的。现在广泛普及的树脂隐形眼镜的镜片采用的还是与普通树脂眼镜相同的丙烯酸树脂。早期是戴普通眼镜无法看清的高度近视或者患有白内障的人才戴隐形眼镜。

树脂镜片比玻璃镜片更轻，但折射率小。因此，制成眼镜镜片需要更大的厚度（如图所示，◆表示丙烯酸树脂，◆表示聚碳酸酯的值）

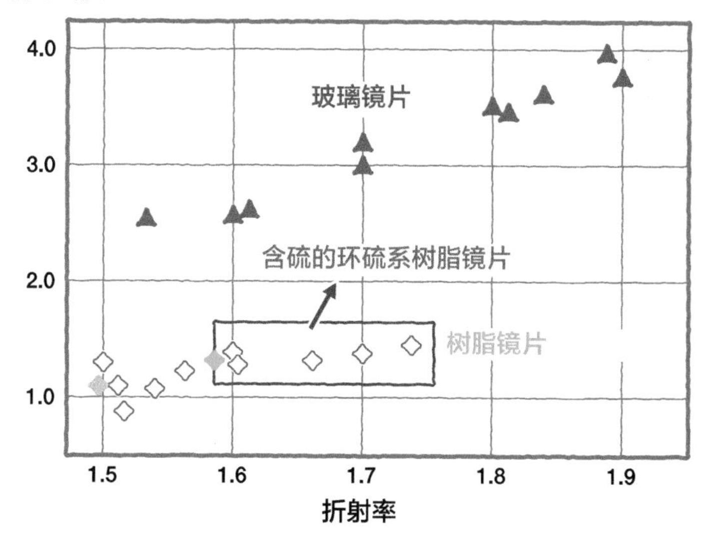

玻璃镜片用▲表示，树脂镜片用◇表示

表面有小沟槽的塑料放大镜——菲涅尔透镜

图2-16　玻璃镜片和树脂镜片的区别

隐形眼镜有普通眼镜不具备的优点，因此应用更加广泛。但是由于镜片直接覆盖了进行水分氧气交换的角膜，需要镜片具有很好的透水性和透氧性。因此，通过与氟或硅结合，人们开发出了透氧性能很好的丙烯酸树脂镜片。

另外，硬质镜片会使眼睛有不适感，同时有损伤眼睛的危险。因此，人们开发出了具有吸水后变软性质的镜片。这种镜片使用的材料具有很长的名字——**聚甲基丙烯酸羟乙酯**。聚甲基丙烯酸是硬质镜片中使用的丙烯酸树脂的别名，它是在丙烯酸树脂基础上改良后得到的物质。丙烯酸树脂完全不吸水，但如果先将吸引水分子的原子团结合成分子，再将这种分子结合，就可得到具有立体网状结构的丙烯酸树脂。不过，氧气无法透过这种镜片。

在树脂镜片领域，还有难题未被攻破。同玻璃材质相比，树脂更易直接被细小灰尘损伤。用玻璃的成分二氧化硅来保护其表面，即使摩擦也不会造成损伤。但二氧化硅无法用在隐形眼镜上，只能将聚氨酯一类能吸收冲击性的薄膜放入中间。可是这种薄膜抵抗冲击能力很差，在较低的冲击下就会剥落。

因此，采用纳米技术的保护膜被开发了出来。这种保护膜是将广泛用于强化玻璃上的**聚乙烯醇缩丁醛（PVB）**改造成网状结构，再将十万分之几英尺大小的二氧化硅分散到网中得到的。这是一种应用纳米技术的复合材料。

下面是原来的镜片，上面是保护膜被改良后的镜片。原来的保护膜，由于是附着在中间的柔软层上，很容易脱落。现在使用纳米技术改良后，在柔软层中放入了坚硬的保护物质，保护膜变得不易脱落了

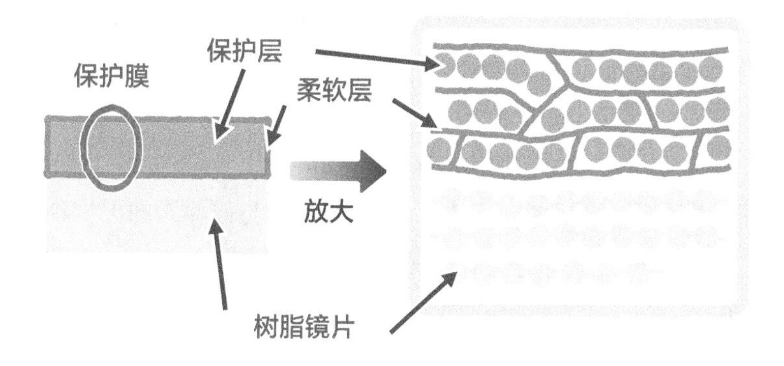

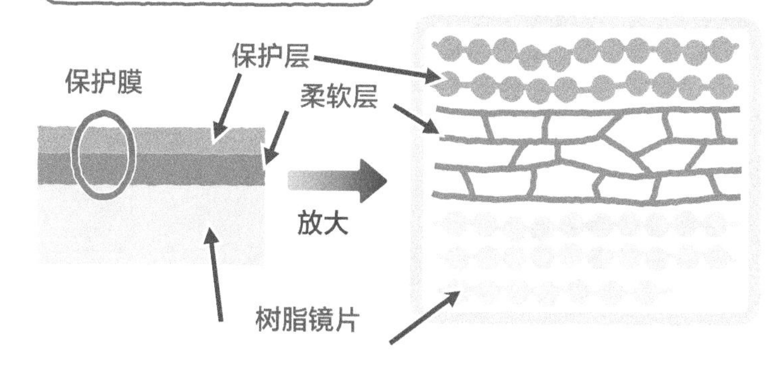

图中●是与玻璃成分相同的硬质保护物质

图2-17　硬质镜片和软质镜片的区别

2.14 疏水硅树脂的应用领域有哪些?

硅树脂在和空气接触后，会转化为像橡胶那样的透明固体，具有良好的疏水性。这种塑料之所以具有疏水性，是由其分子的形状决定的。

这种树脂与普通塑料的结构不同，其分子的骨架是由与石头、玻璃等无机物质相同的二氧化硅构成的。但与石头和玻璃的不同之处在于，有甲烷、乙烷一类的有机物与硅树脂的无机物骨架结合在一起。正是这些从骨架中跳出的有机物成分起到了疏水的作用。

在日常生活当中，为了使水不渗入厨房水槽、洗脸池以及浴缸等与墙壁或者地板之间的缝隙，都会使用**防水密封**材料。下水道和外墙瓷砖，也用到了这种材料。

硅树脂也活跃在意想不到的领域，如灭火器。说到灭火，我们首先想到的是通过降温灭火的水。但除水之外，也有利用二氧化碳气体、泡沫、粉末等阻断空气来灭火的灭火器。干粉灭火器中使用的粉末就是硅树脂。

干粉灭火器的使用基本流程是，拔掉保险销，握紧开关并将导管朝向火源，粉末状的灭火剂就会喷射出来。但是，粉末物质具有遇湿凝固的特性，在灭火过程中若粉末阻塞喷管就起不到灭火的作用了。所以，就必须要求粉末颗粒具有非常好的防水性能，即疏水性。疏水处理的方法，就是在粉末上涂抹硅树脂。涂了硅树脂的灭火剂，能从细管中通畅地喷发出来。

荷叶不沾水的性质很有名。如果用电子显微镜来观察，就会看到荷叶表面有小的突起。我们采用纳米技术模仿荷叶表面的凹凸结构制成的塑料，相比一般塑料，其表面具有更好的不沾水、不沾污的性能

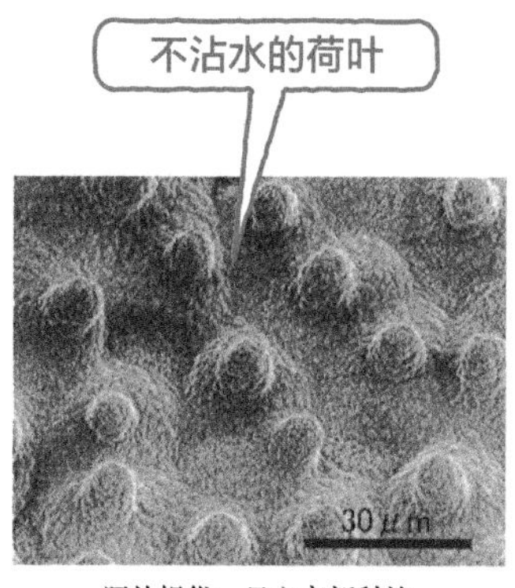

照片提供：日立高新科技

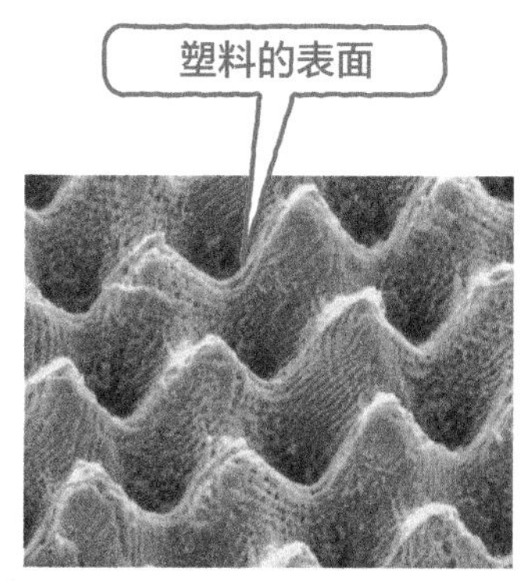

引自http://www.physorg.com/preview88088727.html

图2-18　仿照荷叶表面凹凸制成的塑料

column　利用纳米技术的疏水处理（荷叶与疏水）

不沾水的性质被称为疏水性。水滴在不沾水的表面不会摊展开而是形成水珠。使其形成这种状态的方法被称为疏水处理。

有不沾水的植物的叶子。我们应该看到过雨后叶子上的圆圆的水珠，最有名的要数荷叶了。并非由于叶子的表面存在油性物质才不沾水，秘密在于其特殊的表面微观构造。

用于描述细微东西的词语有“纳米”（也称“毫微”）一词。纳米用于表示物体的大小，1纳米等于十亿分之一米 。能在这样微细尺寸上进行加工的技术就是最近备受瞩目的纳米技术。

疏水的荷叶，即使不用洗涤剂清洗也能保持清洁，也就是说用水就能将表面的污垢洗净。通过纳米技术使得这个性质在产品中得到了应用。采用特殊的激光，在玻璃或塑料的表面加工出纳米级的凹凸。这种眼睛看不见的微小凹凸使得表面不会沾染污垢，仅用水流冲洗就能达到清洁效果。

2.15 什么是塑料灭火器?

一般的灭火器都是细长筒状，颜色为红色或绿色，功能也都比较单一。这里要讲的灭火器很特别，不用的时候可以作为室内装饰品，紧急的时候用来灭火，以此为目的开发的灭火器作为产品已经上市了。这种灭火器被称为**花朵灭火器**（或称灭火花朵），是用塑料制成的，并非金属。

根据消防局统计的数据，日本家庭发生火灾最主要的原因是灶火。用油烹饪过程中起火事故的发生率最高。起火的原因在哪里呢？就是在做饭的时候，中途离开。如接电话或者接待客人，甚至是去看电视等。

烹饪时的油，即使没有接近明火，也会因超过燃点而自燃起火。在人离开的时间里，油一旦达到燃点，就会燃烧起来。这个温度大约是370℃。油加热5min就能达到250℃，继续加热2min就能达到300℃，随后很快就会达到燃点。因此，在烹饪过程中离开是很危险的。

因此，装饰在冰箱门上的花朵灭火器被发明了出来。这种灭火器长约50cm，形如郁金香。花瓣是易燃的**聚乙烯**和**聚丙烯**材料。灭火剂则装在与花瓣同样材质的袋子里，放入花里。花茎是由不易坏的**ABS树脂**和柔软的**EVA树脂**制成的。茎上装有磁铁，能够吸在金属制的冰箱门上。把两支一组的花朵灭火器扔进火里，会使油凝固，从而达到灭火的目的。

塑料制成的郁金香的花朵中，加入了灭火剂。两支一组的“花朵灭火器”的“茎”上装有磁石，能够固定在冰箱门上起装饰作用

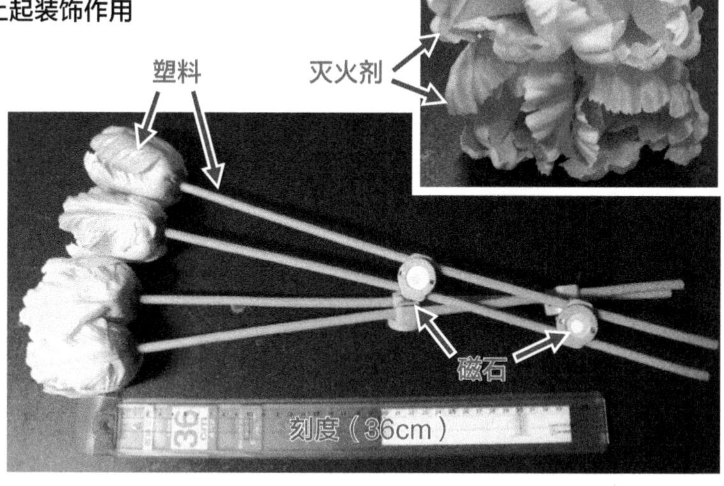

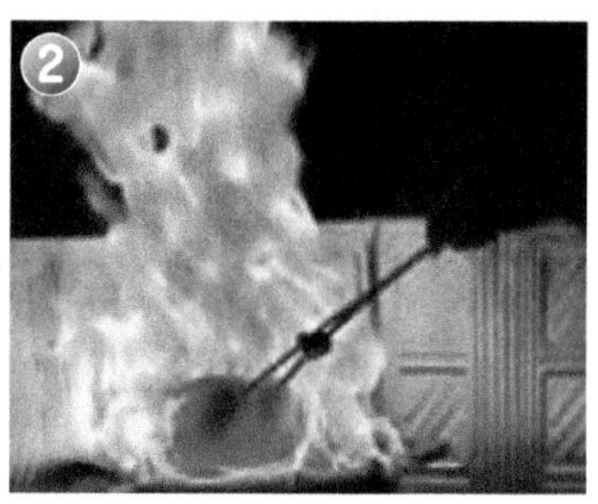

花朵灭火器的使用方法

① 将两支一组的灭火器靠近着火的油锅
② 将灭火 器扔进油锅
③ 在灭火剂的作用下，火熄灭，油发生凝固

照片①②③提供：(http://www.morita119.com/disaster/jutaku/flower/)

图2-19　塑料制成的花朵灭火器

2.16 卫生巾和纸尿布为什么能吸水?

以前的尿布用的是棉布，吸水性强、透气效果好。但是由于尿布需要频繁更换，这就不得不重复地去洗尿布，这也是养育小孩令人烦恼的原因之一。1978年发明的**纸尿布**，就解决了这个烦恼。

虽然被称作纸尿布，但实际上并不是纸制的。这种尿布的面料，使用的是利用黏合剂将纤维叠加在一起的**无纺布**。婴儿的尿能通过无纺布的空隙而被纸尿布吸收。在内部，有与小颗粒混杂在一起的像棉一样的短小的无纺布。无纺布虽然是由**聚酯纤维**、**尼龙**、**醋酸纤维**一类物质制成的，但是这些物质是几乎不吸水的。

那么，水分是被什么吸收掉了呢？实际上，吸收水分的是那些小颗粒。这些小而少的颗粒将婴儿的尿全部吸收。

这些颗粒为什么能让吸收的水分不流失呢？这些颗粒被称为**高吸水性树脂**，是具有特殊性能的塑料。小颗粒中含有肉眼看不见的细网。这不是普通的网，而是像攀登架那样具有立体结构。但与攀登架不同的是，其形状不规则，且柔软，能够进行小幅度的折叠。同时，攀登架的支柱处存在大量具有强吸水性的化合物“**亲水性取代基**”。

当水接近这个结构时，架体撑起，网眼膨胀变大，水就会被吸收进去。进入网眼中的水分子被亲水性取代基吸引，从而无法移动。这样的结构使得小颗粒能吸收相当于自身重量500~1000倍的水。因此，我们只需要向尿布中加入少量小颗粒即可，不可思

世界上最早销售的“高吸水性树脂”的放大照片
左图为吸水前状态，右图为吸水后状态

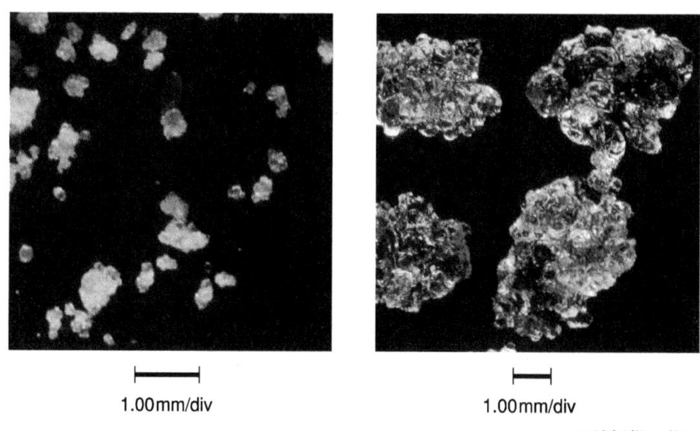

照片提供：花王

高吸水性树脂的结构图

树脂拥有攀登架一样的骨架结构，这种骨架中密布着吸水性原子团。吸水后（右），骨架伸展膨胀

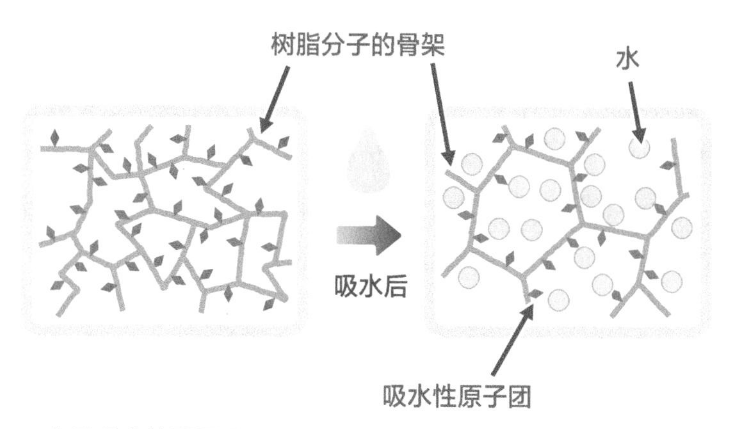

◆表示吸水性原子团

图2-20　最早的高吸水性树脂

议吧。吸水性强的亲水性取代基被称为羧基。

这种颗粒不仅被用在纸尿布和卫生巾上，也用在很多其他地方。其中之一就是卫生间里使用的**清新剂**。将胶状物放入容器中制成的清新剂，看似没什么复杂的，但是，胶状物中同样使用了添加在纸尿布中的微粒，这些微粒将溶解有芳香剂的水吸入进来。当水分蒸发掉，胶状物会恢复原有的大小，即折叠的网格状。

此外，在农业和园艺方面，这种微粒还被用作**洒水辅助材料**。给种植的植物浇水是一项非常麻烦的作业，一般需要大量的水。在干旱少雨的地方，浇水就成了一个难题。针对这个问题，“纸尿布”微粒就有了用武之地。将微粒混入泥土中，浇水后水不会立即蒸发，而是在泥土中保存一段时间。既能使浇水的量减少，也能使水得到有效的利用。

与以上应用相反，这些微粒也被用于**吸收多余的水分**。这可以被用在水量过多导致地盘松软，使得建筑工程难以进行的地方或者被用于改良不适合农作物生长的土地。

这种微粒还能够在人体内发挥作用。如果肠道吸收粪便中水分的功能减弱，就会导致拉稀、反复腹泻。为了缓解这种症状，便在能吸收粪便中水分、调节排便次数的药物中使用了这种微粒。但这种微粒被体内吸收会发生危险，所以使用的是由一种与纸尿布所用不同的塑料制成的高吸水性树脂。

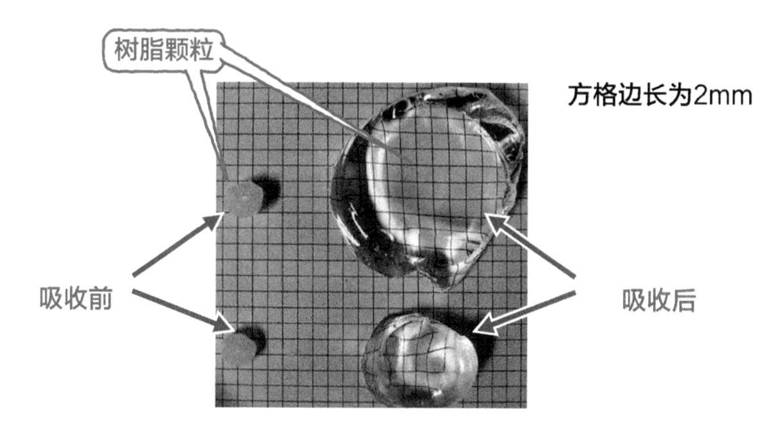

世界上最早的“吸油性高分子凝胶”照片

照片提供：佐田和己氏（九州大学研究生院）

图2-21　世界上最早的吸油性高分子凝胶

column　吸油树脂

利用可吸收大量水的吸水树脂的结构，人们开发出了能够吸油的吸油性高分子。

生产过程中，设备的保养很重要。为了使齿轮和凸轮等部件运转流畅，经常需要涂上润滑油。但是，机械生产出来的产品会沾上油污，因而去油污处理也是很重要的。这时使用的液体有机溶剂是易燃、易蒸发的甲醛、甲烷等。

处理含有大量油污的有机物是生产过程中一个很麻烦的问题。为了解决这个问题，吸油树脂最近被开发了出来。

结构与纸尿布中使用的高吸水性树脂相同。只是与立体网状结构结合在一起的化合物不是亲水取代基，而是吸油的亲油取代基。但是由于将这种化合物结合到立体网格中的操作很难，所以开发时间很长。这次开发出来的树脂是与清新剂中的胶状物形态类似的物质。

2.17 发泡塑料是怎样制成的？

购买电器的时候，我们会发现在大纸箱里有起保护电器作用的**发泡塑料**制成的包装材料。这种包装材料和缓冲垫都属于同一种塑料。缓冲垫材料上有眼睛能看到的明显空隙，但保护商品不受冲击的包装材料却不具有那样的空隙。然而，如果用手指按压这种包装材料，就会发现它有其他塑料制品所不具有的弹性。

实际上，包装材料是通过将小颗粒挤压固定制成的。其中每一个小颗粒都隐藏着能够容纳气体的小空隙。按压时小空隙就会一定程度地缩小，从而表现出弹性。与此相对，缓冲垫材料是靠遍布其整体的空隙缩小表现出弹性的。

两种材料的形态虽然不同，但空隙都是在生产过程中通过使原料产生气体制作出来的。这个过程被叫做**发泡**。因此，两者都被称为**发泡塑料**。另外，缓冲垫材料中的空隙是**连续型**的，而包装材料中的空隙为**不连续型**，制作工艺也不尽相同。

发泡塑料依空隙形状不同，用途也不同。不连续空隙结构比连续空隙结构隔音、隔热性能更好，因此常被用作隔热材料和隔音材料。而连续空隙结构在受到冲击时收缩性大，主要用于缓冲垫材料。若将缓冲垫整体用袋子包裹，使得空隙中的气体无法逸出，隔热、隔音的效果也会提升。这样的材料也能作为隔热材料使用。

下面我介绍一下发泡性塑料的原料及制作方法。

发泡塑料最初的原料只是**聚苯乙烯**。不久后，随着**聚氨酯**的

左边是液体原料，右边是固体原料。液体原料中包含具有海绵一样连续空隙结构的发泡聚氨酯，固体原料中包含具有不连续空隙结构的聚苯乙烯

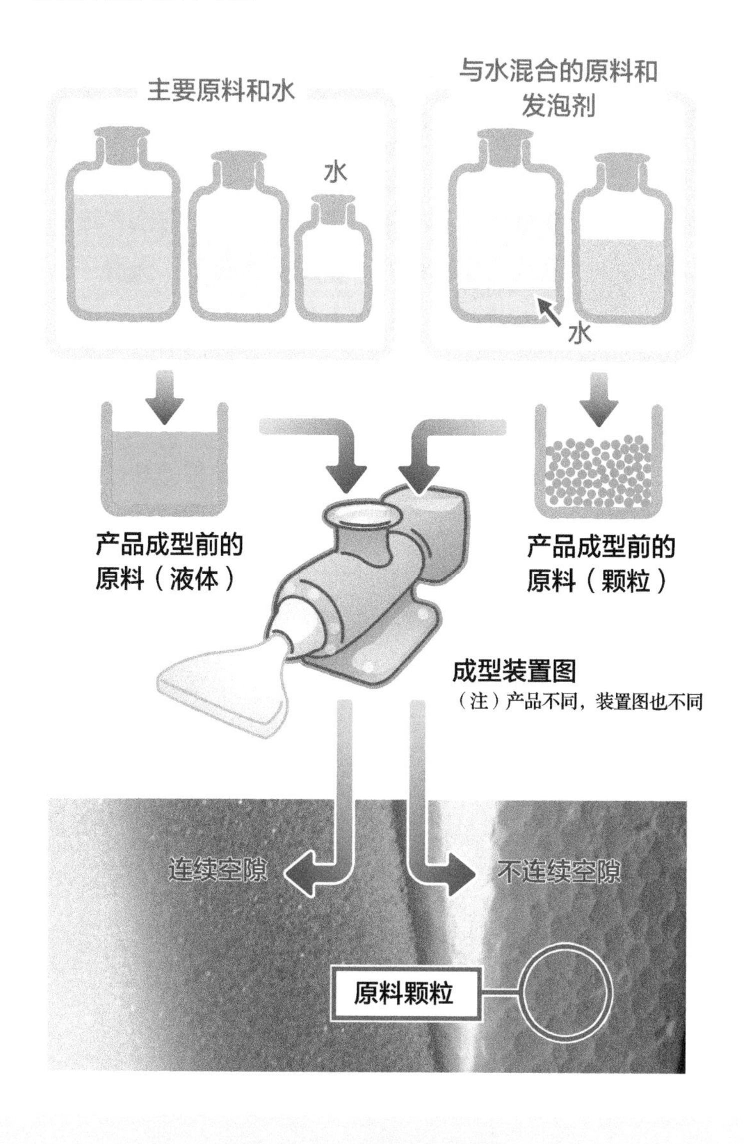

图2-22　两种发泡塑料

发泡性能成为可能，生活中常用的**聚乙烯**和**聚丙烯**等塑料的发泡技术也相继被研发出来。甚至连本来用于制造坚硬结实制品的**酚醛树脂**和**脲醛树脂**也能制成发泡产品了。另外，富有弹性且性质接近橡胶的**EVA树脂**也能制成发泡产品。

那么，怎样才能促使这些塑料发泡呢？根据气体产生的方式，方法可分为以下三种。

第一种是缓冲垫材料用的**发泡聚氨酯**的制作方法。这是通过产生没有气味的二氧化碳制成的。塑料是**高分子（大分子）的聚合物**，而高分子是由**单体（小分子）**形成的。因此，将产生二氧化碳的物质与高分子的原料相混合，在大分子形成的同时，连续型空隙结构的发泡产品也就制成了。

第二种是**发泡聚乙烯**的制作方法。与第一种方法一样能够形成连续型的间隙。不同的是，它是将产生气体的物质与高分子相混合直接加工成产品的。此方法不足之处在于生产过程中会产生氮气和有气味的氨气，因而产品会出现气味残留。

第三种是**发泡聚苯乙烯**的制作方法。该方法分为两个阶段，首先将产品原料加工成几毫米大的 EPS颗粒。然后将这种颗粒集合在一起并压实制成产品，这就是开头提到的包装材料。需要说明一下，细小的EPS本身就是发泡塑料制品。其制作方法是将易气化的液体有机物**甲烷**和**戊烷**与原料的小分子单体混合，这样得到的高分子就是EPS微粒。

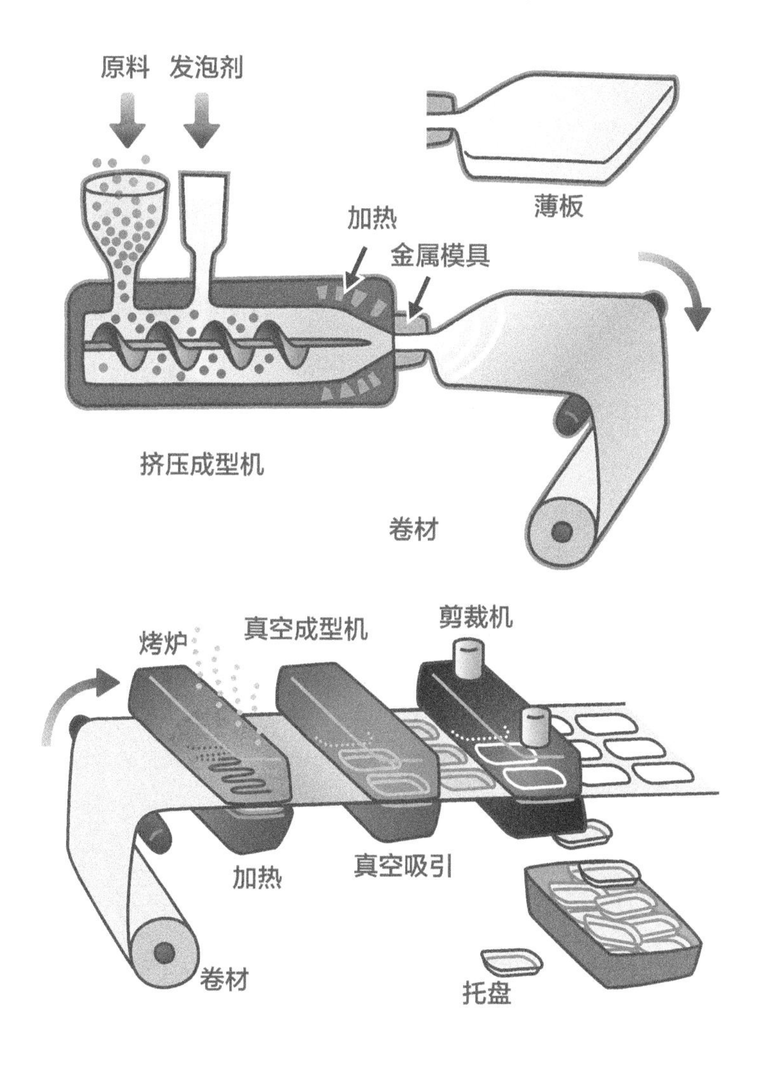

参照发泡苯乙烯薄板工业会主页（http://www.jasfa.jp/pc）

图2-23　发泡塑料的制作方法

2.18 发泡聚苯乙烯都有哪些种类?

聚苯乙烯是透明坚硬的，但**发泡聚苯乙烯**却是白色不透明的。不透明的原因在于形成发泡聚苯乙烯的颗粒里隐藏着的秘密。颗粒虽小，却是很好的塑料产品。这些颗粒中存在人眼看不到的充满空气的空隙，光被这些空隙杂乱地反射，从而看起来呈白色且模糊。

根据将这些颗粒聚集加工成产品的方法，可将发泡聚苯乙烯分成3种。让我们来看一下它们的名字及主要用途。

第一种是**球化聚苯乙烯**（EPS，即可发性聚苯乙烯），被用作包装材料等各种发泡塑料制品的原料。产品是由5mm大的 **EPS** 颗粒聚集加工而成。因此，这种产品损坏后会分裂成小粒，清理麻烦。

第二种是**挤塑聚苯乙烯**（XPS）。虽然与EPS类似，但产品的硬度非常高，常被用于隔热材料、建筑土木等平时人们注意不到的地方。这种方法是让在挤压成型机中熔化的原料发泡，同时经小孔将其挤压出来加工成大的板状或筒状的产品。

第三种是用于薄板加工的**聚苯乙烯纸**（PSP），常被用于盘子和方便面碗的加工。因为这些产品一般都较薄，所有与前两种的不同之处在于，这种原料的膨胀率较小，一般在10倍左右。而前两种聚苯乙烯中既有能膨胀80倍的，也有只膨胀几倍的（硬且结实的产品）。

发泡聚苯乙烯，首先将原料制成EPS这种发泡聚苯乙烯，再对EPS进一步加工。通过两个阶段加工成最终的产品

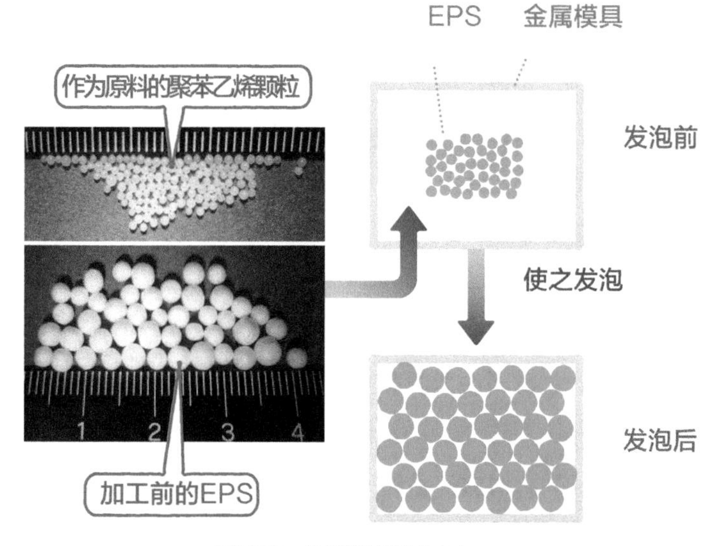

照片提供：日本苯乙烯纸（JSP）

图2-24 发泡聚苯乙烯的制作方法

column 研发方便面碗的过程是很费劲的

现在，碗装方便面已非常普遍，可是在开始开发方便面碗时，人们可费了不少劲。

◆

这一灵感来自于在方便面的促销会上，开发者遇到的一个用叉子和纸杯吃面的美国人。纸杯材料使用的是当时开发没多久的发泡聚苯乙烯。若自己生产，会出现进口产品所没有的残留气味。气味产生的原因是合成聚苯乙烯时有原料残留。虽说这是化学制品不可避免的问题，但是作为食品容器是不行的。使用蒸汽处理也好，通入其他的气体处理也好，都无济于事。几个月后的一个早上，开发者突然发现前一天晚上用过的空碗加热后就不再有异味了。现在工厂里制造方便面碗最后一道工序就是吹入热风来去异味，这是目前国际标准的加工程序。

2.19 发泡塑料意想不到的使用方法

众所周知，塑料托盘、方便面碗在受到很小的力就会损坏。但是，这样的塑料还可用在承受更大力的地方，其中之一就是制成日式房间里铺的榻榻米。

人造大理石榻榻米内部有厚约5cm的**发泡聚苯乙烯**夹层，即使在上面做激烈的运动也不会使表面产生大的凹陷。因为榻榻米的周围被牢牢固定，不会弯折损坏，施加力的部位也只是产生少量收缩而已。为达到这个目的，制造发泡聚苯乙烯的时候，要减小原料的膨胀倍率，增加产品的厚度。这种产品就是被称为 **XPS** 的**挤塑聚苯乙烯** 。

使用XPS的例子不只这些。它也可以被用在承受更大力的地方。这个力就是沙土的重量。

向含水量较多的松软的斜坡上堆积沙土，会如何呢？沙土的重量使得水分被一点点挤出，导致堆积的沙土坍塌。再加上雨水的渗入，地基就会变得不稳定，在这上面修建的道路、建筑很危险。在这种情况下，可以使用厚度为几十厘米的用发泡聚苯乙烯制成的**轻质填土材料**。

与人造大理石榻榻米一样，将这种材料周围用水泥和沙土加固，上面堆积沙土，表面只会产生均匀的收缩。另外，在地基柔软的情况下使用不透水的发泡聚苯乙烯也是很安全的。不用机械仅靠人力就能将其搬运，还可以根据需要自由切割，发泡聚苯乙烯是非常方便的填土材料。除了斜坡，这种材料也被用在高速公

这是使用大块发泡聚苯乙烯的工程实例。横竖并排或重叠摆放超过1m长的砖块，组成斜坡的地基

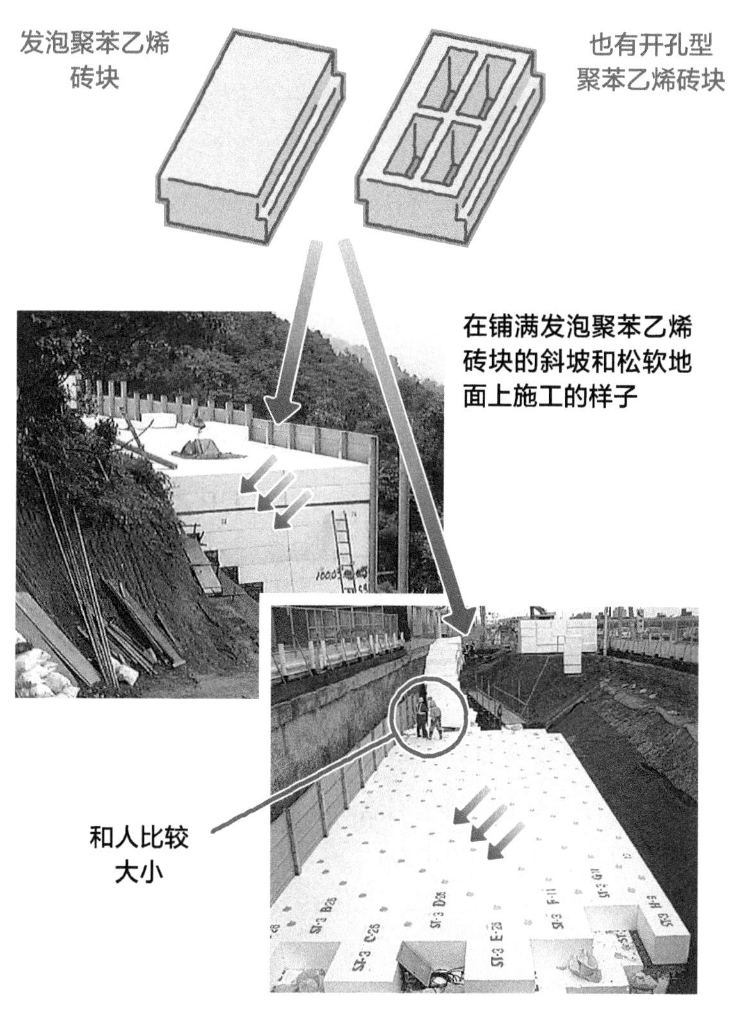

照片提供：积水化成品工业

图2-25　发泡塑料在土木工程中的应用

路等需要填土的工程中。

此外，发泡塑料还被用来制造混凝土的框架。发泡塑料制造的边框，与普通的复合板、金属框不同，它的外观接近天然石材。最近，道路、房屋、建筑施工都要求与周边的景观和谐。这种施工场所使用的就是塑料制的混凝土边框。如**图2-26**所示，在山地修建道路桥梁时，桥墩上使用了发泡塑料。桥墩的内部是空的，而空洞填充物和混凝土桥墩框架就是发泡聚苯乙烯。

我们再来看一下发泡塑料的一般用途。首先想到的是具有缓冲作用的缓冲垫材料。在这个用途中，具有连续型空隙的发泡聚氨酯发挥了主要作用。改变空隙的大小，就可自由地制备从软到硬的材料。

利用空隙的隔音隔热性质，可以将其制成隔热材料。当然，也能作为特殊房屋的隔音材料，但我们这里只讲隔热材料。以前使用的是空隙不连续的发泡聚苯乙烯，但是由于其易燃性质，后来就改用了**发泡聚氨酯**。但是发泡聚氨酯的空隙是连续的，直接使用，湿气会进入其空隙，如果降温还会产生结露现象。一旦结露，附着水分的墙壁、立柱会发生腐蚀，强度就会下降。为了防湿，一般会用由聚乙烯和铝箔压制成的复合薄片将发泡聚氨酯包裹起来使用，主要用于墙壁的隔热。此外，板状的发泡聚苯乙烯还被用作隔热的地板和天花板。

将发泡聚苯乙烯制成用于公路桥梁桥墩的混凝土框架

高架桥的剖面图

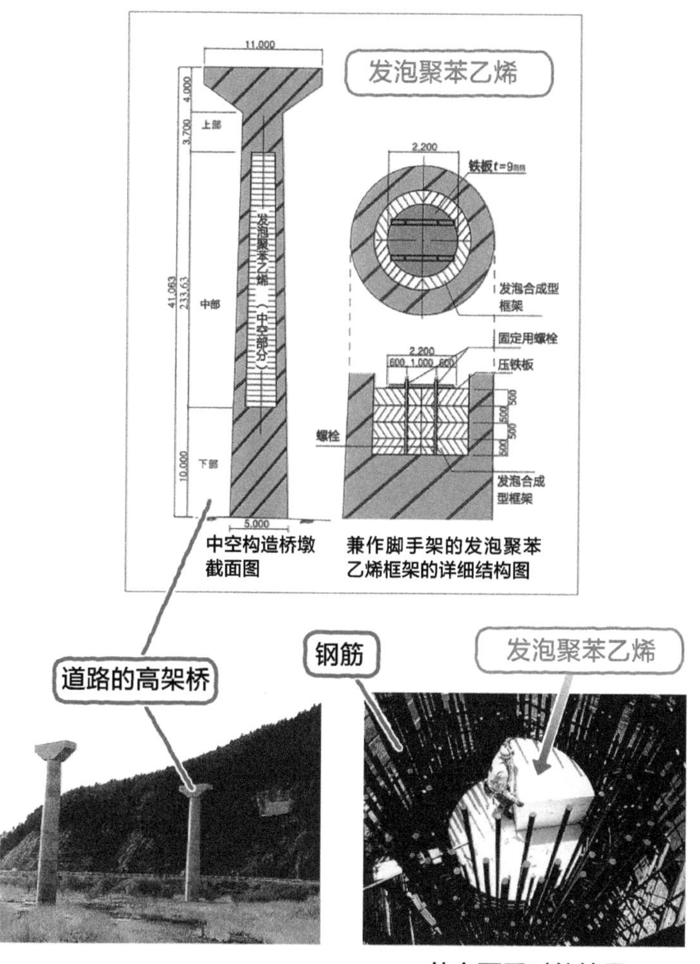

从上面看时的情景

图和照片提供：鸿池组

图2-26　发泡塑料在高架桥中的应用

2.20 防止混凝土开裂的塑料有什么？

大家见过新建筑物的外墙出现的细小裂缝吧。砂浆和混凝土建造的墙壁上，会产生浅浅的小裂缝。虽然对强度的影响不大，但是受到雨水等的渗透，裂缝就会一点点地扩大。因此，人们开发出了不易开裂的水泥。这种水泥中使用了塑料。

进入正题之前，我们先来稍微谈一谈水泥。水泥是将石灰石粉碎后与黏土等一起烧制后再磨成粉得到的物质。水泥与水混合后会凝固，所以涂在石块、砖块之间，就能起到紧密黏合的作用。在古老的埃及和希腊的遗迹中，好像已经开始使用了这项技术。

古希腊遗址中，在白色大地上建起的帕特农神庙最为有名。虽然遗迹只剩下了立柱，但是古人的技术和智慧让我们大吃一惊。大地和立柱的材质都是水泥的原料石灰石，帕特农神庙能够达到如此的规模和技术水平，也应该是得益于当地石灰石的大量出产。

但是，仅在水泥中混合水，很容易剥落，而且需要很大的量。因此通过与沙土和沙砾等混合，既增加了体积，又提高了固化强度，我们将这种改良的材料称为砂浆或混凝土。在水泥中混入沙土的砂浆，被用于装修墙壁和地板等，而在水泥中混合沙砾的混凝土被用于建造楼宇、桥梁等建筑物。

吸水后的水泥粉会一点点聚集并在沙砾或者沙土之间扩展，从而将它们黏合起来。可是伴随着干燥过程中水分蒸发，黏结在一起的沙土和沙砾之间出现空隙，这就产生了裂缝。因此，人们便想方设法阻止形成开裂的空隙进一步扩展。

通常砂浆或水泥凝固后，会产生微小的空隙，因此会出现裂纹

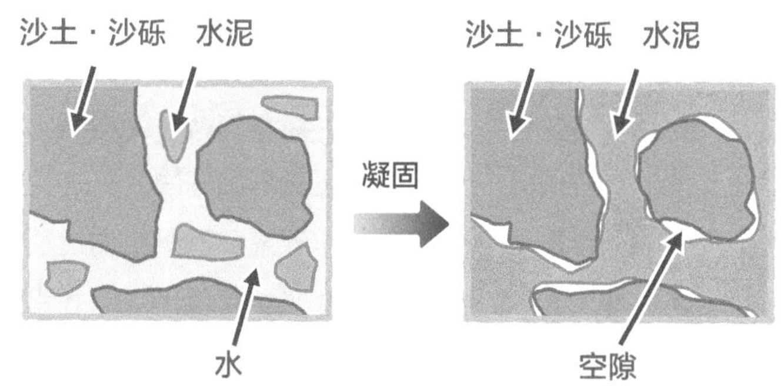

下面是添加了塑料从而难以产生裂缝的。向水泥与沙土或者沙砾的空隙中加入塑料，就能防止开裂

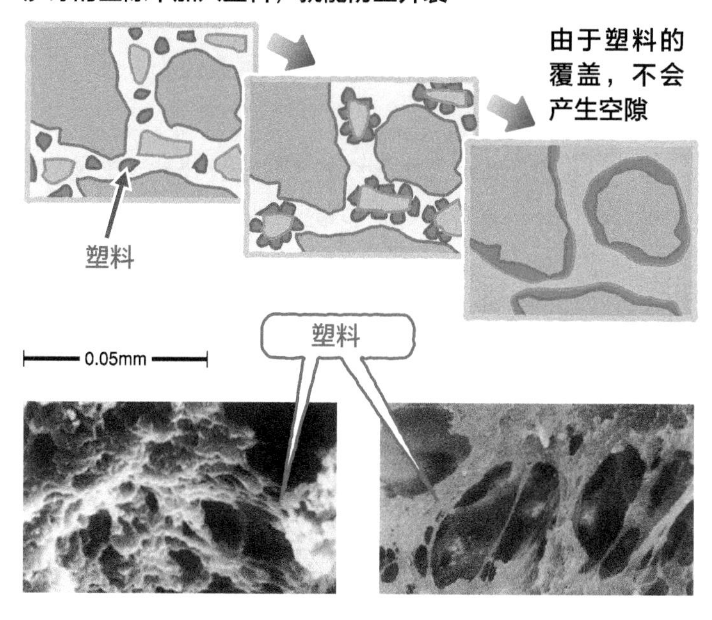

照片引自《新水泥、混凝土用混合材料》
（笠井芳夫，坂井悦郎编著，p128＆p142，技术书院，2007年发行）

图2-27　防止混凝土开裂的塑料

具体来说就是，在空隙产生部位填充具有黏性的物质，起到连接水泥和沙砾、沙土的作用。这种黏性物质就是塑料。实际上如果用显微镜观察接触面，就能看到在空隙中塑料的形状就如同被拉长的纳豆，将凝固的水泥和沙土、沙砾黏合在一起。

这种具有黏性的塑料，是易于与水混合的**聚丙烯酸酯**、**乙酸乙烯酯**以及作为黏结剂而广为人知的**环氧树脂**等物质。这类物质并不进入到水泥的粉末中，而是在制作砂浆和混凝土的过程中，与只有千分之一毫米大小的小颗粒混合在一起使用。这种水泥被称为**高分子混合水泥**。

这种水泥已经被应用在农业输水管道工程中。输水渠的表面开裂也是导致漏水的原因。因而在用普通的方法修建的渠道上涂上高分子混合水泥层，这样的表面上形成的裂纹少且小，因而就不用担心漏水了。

还有一个例子。对已发生裂纹的部位进行修补。如果将墙壁等的开裂部分去除，再用这种水泥填埋，对以后使用的担心也会减少了。

水渠的砂浆表面出现裂纹，用混有塑料的水泥覆盖

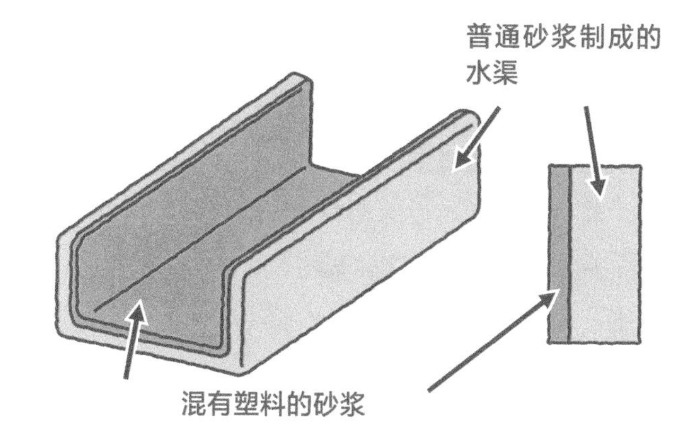

① 搅拌高分子混合水泥

② 喷涂混合有高分子的砂浆

③ 用抹子抹平

④ 水渠完成

照片提供：近畿农政局

图2-28　高分子混合水泥的实例

2.21　塑料制成的大理石

最近在住宅的内部装修中，类似天然石材的塑料制品格外引人注目。和天然石材外观相近的塑料制品被称为**人造大理石**，无论是厨房、洗手间还是浴室，这种塑料都被广泛使用。

模仿天然石材的人造制品早在1950年就被开发出来了。当时的工艺是将天然石材粉碎，然用水泥固化，用染料着色后，打磨其表面。由于原料还是天然石材，重且加工烦琐，并没有达到降低成本的目的。

因此，为了取代天然石材，人们开发出来了用塑料固化沙粉制成的人造大理石。通过塑料固化而成的人造大理石，与天然石材或加工天然石材制成的人造石材相比，能加工出各种各样的形状、花样及颜色，因此被广泛用于住宅的内部装修。

人造大理石的原料，根据功能不同可以包括以下几种。首先是类似石材的硬度和质感的**骨料**，起装饰产品表面作用的**装饰材料**或**花纹材料**，以及起成型作用的**硬化材料**或**填充材料**。

骨料的成分是沙、玻璃片、贝壳以及贝壳的主要成分碳酸钙等物质。天然石材的魅力在于其表面光彩夺目，而这种光彩来自于白色的石英和黑色的云母的碎片。在装饰材料和花纹材料中，使用了薄膜状的**云母石片**及上色用的颜料。云母石片还有降低厚度和重量的作用。

硬化材料和填充材料，采用的是用于固化材料的塑料和用于强化产品的纤维。只用塑料制造的产品的弯曲强度和抗冲击性不

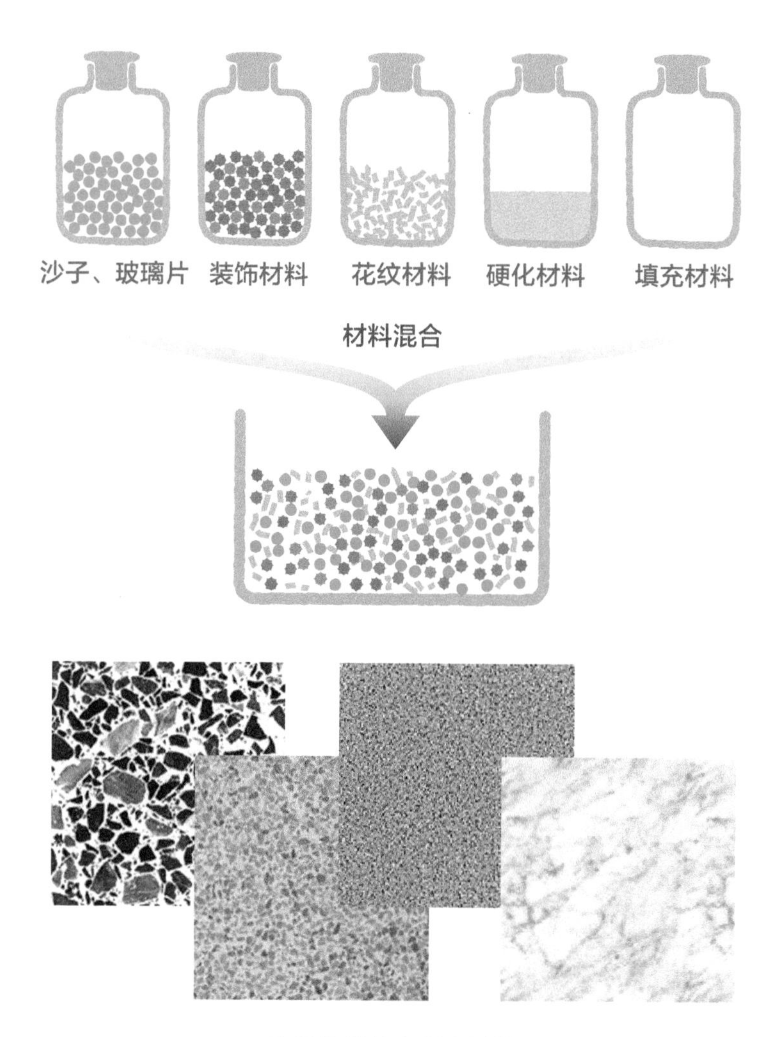

图2-29　石材也能用塑料制成

强，也没有韧性。纤维起把塑料、骨料和装饰材料等紧紧连在一起的作用。这种纤维是将玻璃拉成丝状制成的**玻璃纤维**。而塑料主要采用的是**不饱和聚酯**和**丙烯酸树脂**。

虽然与纤维及塑料瓶的原料中使用的**聚酯**的名称相同，但不饱和聚酯具有立体网状结构，两者属于不同的塑料。丙烯酸树脂是一种透明的硬塑料，用于制造镜片和水槽等，是可替代玻璃的塑料。不饱和聚酯虽然耐药性及抗冲击性能好，但长时间使用会受紫外线或热的影响而变色。因此需要通过加工使其富有光泽，并用薄膜对表面进行保护。而丙烯酸树脂受光照和热均不易变色，长期使用也会保持稳定，还有其耐冲击性不比不饱和聚酯差，完全不需要保护膜。

与塑料和瓷器等制品相比，人造大理石外观更时尚。而且，不溶于居家常用的溶剂类物质，如酒精、甲苯、汽油、煤油等。也不溶于一般的酸性、碱性化学物质，如盐酸、乙酸、苏打、氨水等。做饭使用的调味料、洗脸用的化妆品等污垢粘在上面，也能用水或者洗涤剂轻松地去除。由于这些优点，人造大理石作为内部装饰材料被广泛使用。

人造大理石制成的浴缸和金属模具。金属模具分为浴缸的内侧（橙色）和外侧（紫色）两个部分。原料在压力下被注入金属模具的间隙中。原料进入中间部分后，抽走间隙内的空气，再震动模具。塞满原料后，加热金属模具令其凝固

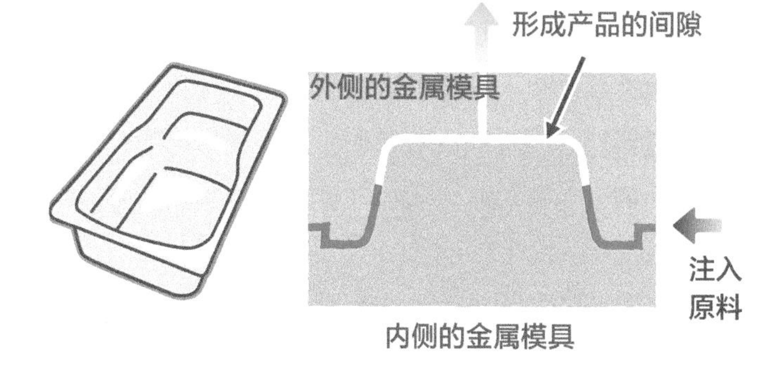

图2-30　用塑料制作浴缸

column　用人造大理石制作浴缸的困难

为了追求产品的强度和美观，厨房和盥洗室的天花板常用人造大理石制作，而浴缸的制作比这困难得多。原因在于大多数浴缸的厚度都不到 1cm，还要制成图中那样复杂的形状。另外，粉状的骨料、碎片状的装饰材料以及为了增加强度而加入的纤维，这些形状各异的材料混合在一起，也会有不均匀的情况。

材料在压力作用下被注入到缝隙为 1cm 左右的金属模具中。然而，将黏稠的材料均匀地注入到浴缸形状的金属模具的间隙中，比制作平板一样的天花板要困难得多。空气很容易就进入到材料中，而且也无法除尽。

因而，浴缸采用了倒立的形态，一边从上面除去空气，一边从下面一点一点地压入材料。然后，注入一定量的材料后，摇动整个结构，以除尽空气，使材料无间隙地填满金属模具。另外，在金属模具的内表面，还要涂上使材料容易浸润的化学药品。

2.22 马桶也塑料化了吗?

越来越多的饭店和商场的厕所里，都安装了最新型的多功能马桶。家庭也在逐步引入这样的多功能马桶。这种新开发出的西式马桶是由透明塑料制成的，让我们来试着找出它的优点吧。开发出这种马桶的目的是要代替容易产生污垢且污垢不易脱落的传统马桶，以减轻人们的家务负担。

以前厕所用的马桶都是用陶瓷制作的。在冲水式马桶普及之前，因为不得不暂时储留粪便，往往会因季节变化而产生各种各样的问题。

不过，现在马桶的形状得到了改良，冲水化变得容易了，变得卫生了。曾经的厕所也变成了舒适的个人空间，虽空间狭小，但很多人感觉很安心。

然而，现在广泛普及的西式马桶因其结构比较容易附着污垢，且难以打扫。因而，清洁马桶这个家务负担并未得到改善。为了减轻这种负担而采用的马桶就是这里提及的塑料马桶。

那么，在这里简要说明一下容易脏的普通马桶的表面是什么样子。陶瓷马桶的表面，和陶瓷餐具一样都是透明的玻璃，这是既可以保护瓷器表面又能上色的釉。釉的主要成分是和玻璃一样的二氧化硅，它在超过1000℃的高温加热下玻璃化。但是，在固化黏土时会在表面产生肉眼不可见的小孔，使得釉质缺损。而且，在制造过程中釉质并不能完全玻璃化。

这样的缺陷，在制作产品的过程中是不能完全避免的。而

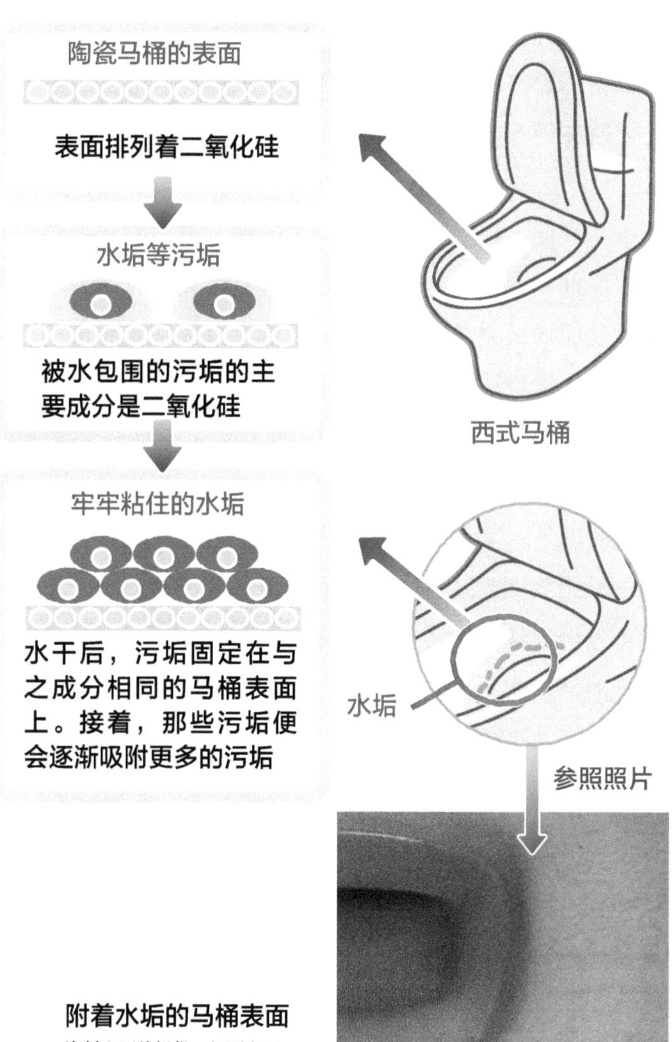

图2-31　污垢附着的原理

且，为了去污使用硬的毛刷用力擦洗也会在看上去很漂亮的表面留下细小的伤痕。这些伤痕和缺陷就是污垢容易附着的原因。

污垢中也有各种各样的物质。除粪便之外，还有以粪便为营养源的霉菌的黑斑和黏质物，以及表面残留的尿液被细菌分解时产生的以磷酸钙为主要成分的“尿石”，水中的二氧化硅与钙、铁元素结合产生的水垢。

其中，粪便、黑斑和黏质物用刷子刷，表面刚形成的尿石和水垢用洗涤剂，就可以轻易地除去。但是，放置时间长了的水垢会和马桶表面的玻璃结合为稳定的物质，变成很难脱落的污垢。因而，不会和水垢结合的马桶便被开发出来。

这种产品是用不会和形成水垢的二氧化硅结合的塑料制成的。为了达到陶瓷那样的透明感，最终选择的材料是透明且硬的“**丙烯酸树脂**”。陶瓷的玻璃表面容易固定住水垢，而新开发的塑料马桶采用如图2-32所示的构造使得水垢不能固定，用水和洗涤剂就可以轻松洗净。而且，因为采用了成型加工更为方便的塑料，马桶的结构也得以改良，使之比以前的产品更容易清洗，用更少的水就可以洗净。

塑料马桶表面上，污垢难以附着

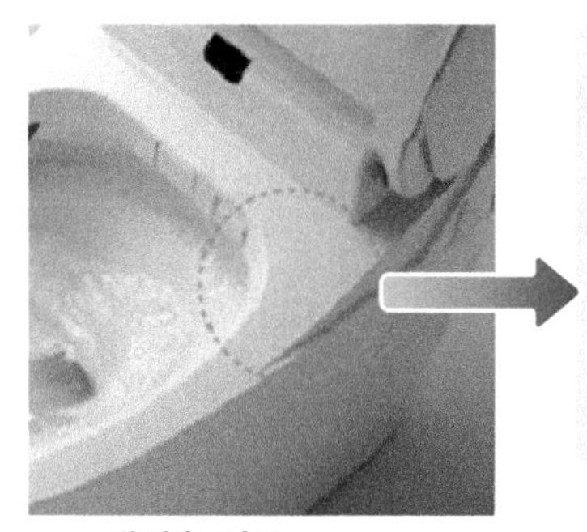

塑料马桶

水垢等污垢

表面排列着碳原子

被水滴包围的污垢的主要成分为二氧化硅

水分蒸发

干燥的水垢

污垢中二氧化硅与马桶表面的碳不和，很容易分开

清洗

污垢清除后洁净的表面

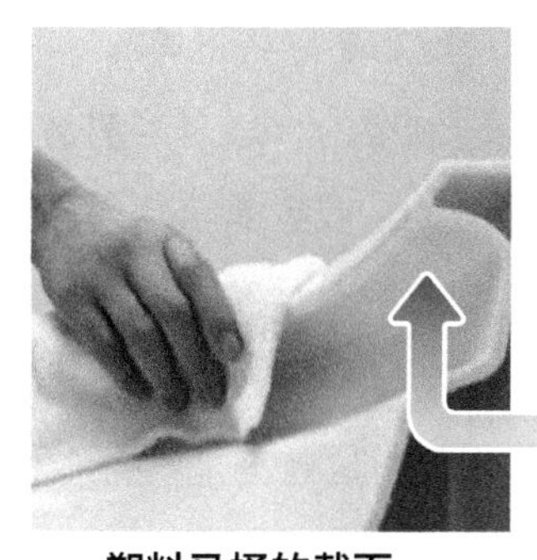

塑料马桶的截面

不易变脏的保护膜

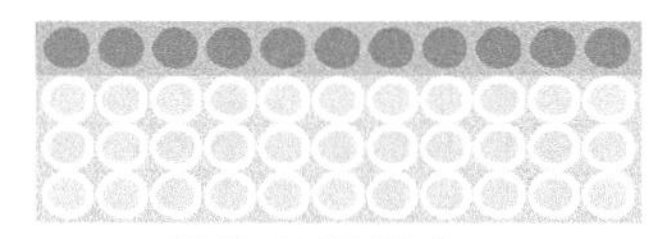

陶瓷马桶的表面

如左图，也有在陶瓷的表面涂上污垢难以附着的塑料保护膜的方法

资料和照片提供：松下电工

图2-32　塑料马桶

2.23 纤维和塑料的区别在哪里？

纤维制品的标签上常写着“聚酯”、“尼龙”、“聚丙烯”等和塑料制品的原料一样的名字。那纤维和塑料的相同点和不同点分别是什么？

进入正题之前，我们先了解一下纤维。纤维包括丝绸、羊毛、棉花等**天然纤维**和以石油、煤炭为原料合成的**合成纤维**。除此之外，还有天然原料经化学药品处理制成的**半合成纤维**，比如纤维素和蛋白质经药品处理后生成的人造丝和醋酯纤维等。

这些纤维和塑料一样，都是由高分子制成的。总之，都是以大分子作为原料，可以是蚕和羊的天然产物，或者是植物的皮和果实，或者是合成以石油和煤炭为原料制成的单体得到的物质，不同的原料制成了三类不同的纤维。同理，对于塑料也完全适用。所以，纤维和塑料在使用高分子作为原料这点上是共通的。

除根据原料不同外，纤维也可根据高分子制成的丝的状态来划分，即大分子在丝中是整齐排列还是混乱排列的区别。分子排列混乱的丝与分子排列整齐的丝相比，韧度要更低。图2-33是对两种排列方式的比较。其中的数值表示的是“晶体”即纤维中整齐排列的分子的比例。合成纤维对应的数值也是高低不同，这个数值并不仅由原料的不同所决定。但是，与纤维相比，塑料的值大体上要更低。塑料之中分子混乱排列的比例比纤维高的原因在于产品的制作方法不同。

将高分子原料加热、熔化，使分子的排列处于混乱的状态，

纤维的分子也是由延伸得很长的“大分子”相互缠绕形成的。图中粗线表示分子排列整齐的“晶体”，细线表示排列不整齐的“非晶体”。纤维与普通的塑料制品相比，“晶体”的比例相对要高

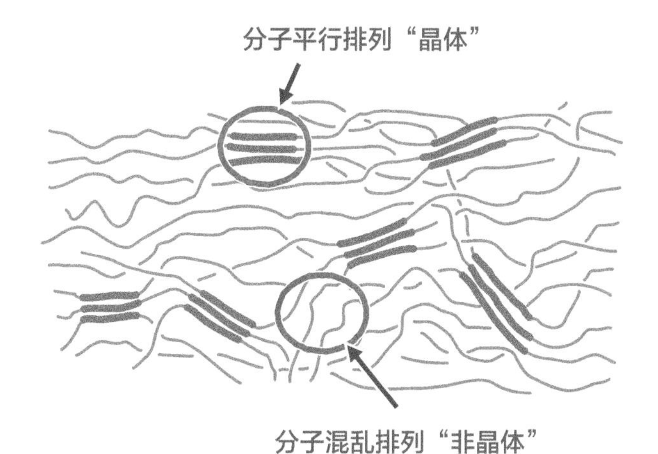

纤维的“晶体”比例比较表

	合成纤维	天然纤维	半合成纤维
纤维名	聚丙烯	木棉	维尼纶
晶体的比例/%	70~80	70	64~68
纤维名	聚酯	尼龙	人造丝
晶体的比例/%	30~50	30~50	34~41

不同纤维的“晶体”的比例不同

图2-33　纤维的“结晶”和“非晶体”

然后通过小孔用力拉出的细丝就是纤维。这时，分子受到拉力的作用，其排列方向会趋于一致。但排列方式因原料分子的不同而不同，所以，纤维的种类不同导致了图2-33的表中数值的差异。

另一方面，塑料有各种各样形态的制品。容器是将原料在模具中压制而成，板材等则是将原料挤压而成，都不是像纤维那样强拉出来的。因而，分子混乱的排列方式残留在产品中。但是，非常薄的膜是将原料用力拉伸制成的，其分子的排列方向也是一致的，这种薄膜被称为“**拉伸薄膜**”。像这样，塑料中的分子的聚集方式因产品形态的不同有很大的差异。

综上所述，塑料和纤维的巨大的差异在于其产品的形态。

原料中分子整齐排列的部分被称为“结晶”，就结晶形成的难易程度即“结晶性”而言，对纤维和塑料进行对比，结果如图2-34所示。分子在产品中的排列越整齐，产品熔点就越高，耐热性越强。“拉伸薄膜”处于和纤维重合的区域。

虽然纤维和热塑性塑料不同，但两者的性质有一部分是重合的。这部分塑料具有可以归类成纤维的性质。而且，结晶性越高，即使加热也越不易变软

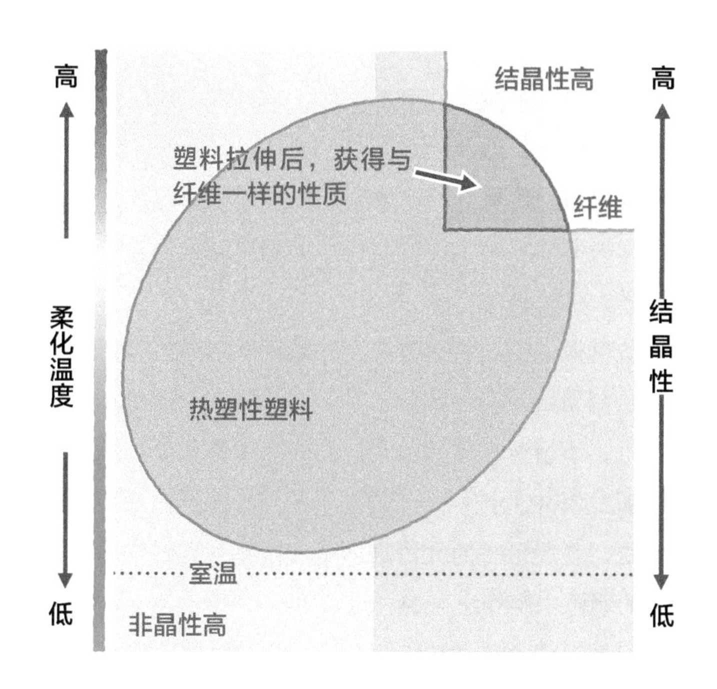

将分子平行排列的加工法“拉伸加工”

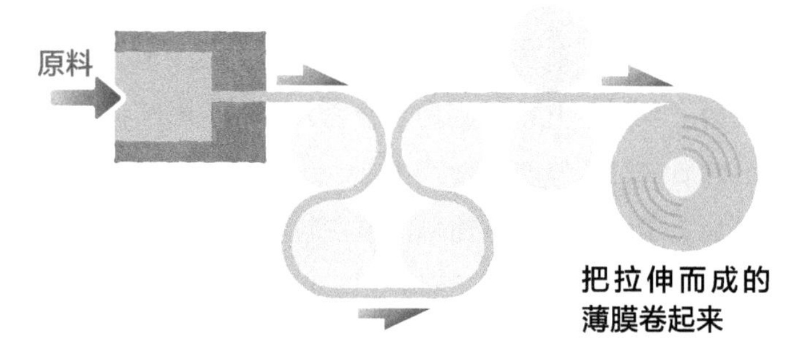

图2-34　纤维和热塑性塑料性质的差异

2.24　混有纤维的FRP是什么物质？

现在正在持续研发的可载300人以上的第二代客机，将采用日本企业开发的碳纤维复合材料“**FRP**”（纤维强化塑料）制造机体和机翼。FRP就是将塑料掺入碳纤维网中固定成薄板，再将若干枚这样的薄板重叠制成的材料。其强度高于铝合金，而重量则低于同样大小的铝合金。

除将塑料掺入纺织物的方法之外，还可以通过将短纤维掺入塑料的方法制得FRP。大体上，复杂形状的加工适用于前一种方法，如飞机、小型游艇和渔船、汽车的车体和保险杠的制造。与之相对，**图2–35**中的围栏板一类的小的简单制品，适用于后一种方法。但是，复杂形态的大浴缸，是通过将混有纤维的塑料注入金属模具的缝隙中制作出来的。

纤维和塑料混合成的FRP能有什么样的性能改进呢？例如，对棒球选手有“击”、“跑”、“投”三个方面力量的要求。但是，三样俱全的人很少。产品的材料也是如此。

纤维是聚集在一起的丝，丝不经过编织等工序是不能成为产品的。另外，丝是由几根粗细为千分之几毫米的原丝组合而成的细线状的物质，抗拉伸能力强。

虽然加工塑料产品比较简单，但在较强的拉力作用下，塑料会很容易被破坏。因而，将两种材料混合在一起，相互弥补缺点，既能自由地加工成各种产品的形状，又能提高抗拉伸性能，这就是改良材料FRP。

日本和美国等多个国家共同开发的新型客机。图中蓝色、绿色和黄色的部分是FRP制的，占机体重量的一半。蓝色和绿色的部分使用的是不同方法制成的碳纤维，而黄色部分使用的是玻璃纤维。另外，红色的部分由铝和钛等金属制造

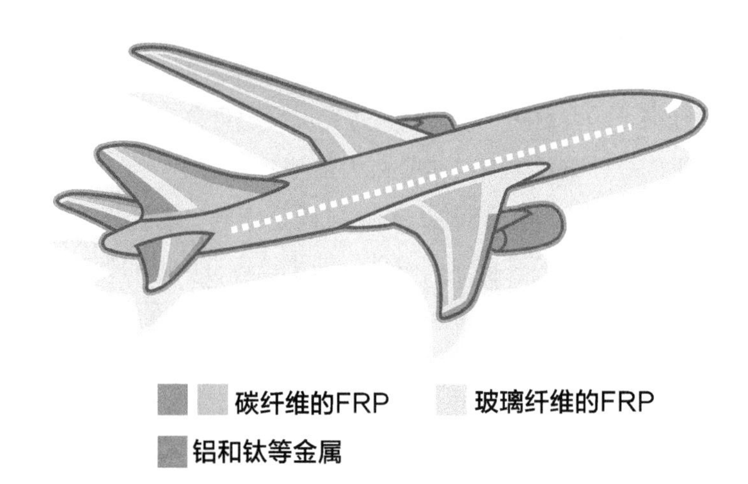

上面是过街天桥的栏杆挡板所用的FRP。使用了不同粗细和长短的玻璃纤维

图2-35　FRP产品

那么，掺入塑料中纤维是什么样的物质呢？20世纪40年代开发出来的最早的FRP，使用的是千分之几毫米粗细的“**玻璃纤维**”。纤维既有几厘米长的短纤维，也有像纺织物一样的长纤维。在这之后，又逐步使用了“**维尼纶**”、“**凯芙拉**”等合成纤维。维尼纶是用于使混凝土轻量化的纤维，凯芙拉则是制作防弹背心的纤维。20世纪70年代，**碳纤维**登上历史舞台。

客机的机体采用的碳纤维是将丙烯腈系纤维经特殊的方法碳化而成的，其抗拉和抗弯能力是同属碳化物的“**石墨**”的好几倍。从高尔夫球杆的长柄、网球拍、钓竿等体育用品和休闲用品到巨型飞机的制造，用途极为广泛。

除此之外，在用金属和土壤烧制的陶瓷中，还有“**硼纤维**”。硼纤维是抗拉伸和抗压缩能力比碳纤维还要强的新型纤维。但是，需要通过将气体“**硼**”固定在钨丝表面，制造成本高。虽然这么说，它依然被广泛应用于从宇宙中的人造飞行器到休闲用品的各领域中。

从开发FRP时就使用的“**不饱和聚酯**”、“**环氧树脂**”等塑料都是制作抗拉抗弯能力强的立体网状“**热固性塑料**”，最近也开始利用“**聚丙烯**”、“**聚苯乙烯树脂**”等不能成网的“**热塑性塑料**”。这种情况下使用的是略长一点的短纤维。此外，在对耐热性有很高要求的领域，需要使用“**聚酰亚胺**”等耐热能力非常强的塑料。因为信息不公开，所以不清楚新型客机到底使用的是什么材料。这真是个令人好奇的问题。

制造车体的材料是将热固性塑料注入纤维制成的FRP。民主德国制造

照片中汽车为丰田博物馆藏品

图2-36 FRP车体的汽车

column FRP制造的汽车

大概是因为汽车比飞机、轮船更容易发生事故，或是用FRP制造车体非常困难吧，汽车中用于制造零件和内部装饰的塑料的重量约占10%，比例较低。

一方面，燃料消耗少的轻量型汽车的开发正在推进中。重量只是同样大小的汽车三分之一的、拥有碳纤维强化塑料车体的概念车已在车展中亮相。与之相似的FRP车体小汽车在统一之前的民主德国已经诞生了。但是，与现在的情形不同，当时开发这种车的理由并不是环境问题，而是材料的不足。当时民主德国和联邦德国的贸易不通畅，制造车体的金属不足。因而用棉花和羊毛等制成纤维混入酚醛树脂中，制成FRP车体。

这辆车是与第二代汽车类似的、排气量为未满0.6L的轻量型汽车。轻量型汽车的撞击时受到的冲击也小些，FRP的车体是可以承受的。

2.25 橡胶和塑料的区别是什么?

橡胶，与塑料和纤维不同。即使受到很大的拉力依然能恢复到原来的状态，即富有“**弹性**”。与橡胶相反，若对纤维施以较大的拉力，其会对拉力产生很大的抗性。另一方面，对于分子只是立体聚集的塑料而言，在被拉伸时也不会有大幅的伸长，但也没有很强的抗性，刚好显示出纤维和橡胶两种物质之间的性质。

这里，让我们试着探讨一下橡胶为什么会产生这么大的弹性。实际上，分子的形态比分子的排列对橡胶的弹性所起的影响要更大。

橡胶中既有天然的橡胶，也有几种由天然橡胶改良而成的合成橡胶。天然橡胶的分子排列如**图2-37**所示。在拉伸橡胶时，这种杂乱形态的分子中的凹凸处被拉伸变长。若将施加的外力除去，又会回到原来杂乱的状态。这种分子形态的变化，就表现为橡胶的弹性。但是，当橡胶所受的拉力太大时，分子移位会导致橡胶断裂。另外，如果长时间置于空气中，保持凹凸不平形态的椭圆部分就会发生化学变化，橡胶的品质就会变差。

美国人古德伊尔于1839年对天然橡胶的改良取得了成功。他在橡胶中加入3%的“**硫**”。经改良的天然橡胶的结构，是几年之后才被弄清楚的。相邻的两个橡胶分子，被硫连接在一起了。因此，橡胶即使受到很强的拉力，分子也不会被拉开，既结实又富有高弹性的橡胶就这样产生了。

分子通过硫相连接的现象称为“**交联**”，而加入硫的过程被

天然橡胶分子中，红圈围住的部分被固定住，绿圈围住的部分可以进行自由的角度变化。拉伸橡胶时（下），分子伸长，橡胶伸长。然而，拉伸时，分子还会发生移动，因而橡胶的伸长不稳定，会被拉断。另外，红圈围住的部分，在氧和紫外线的作用下，容易发生变化，导致分子劣化。

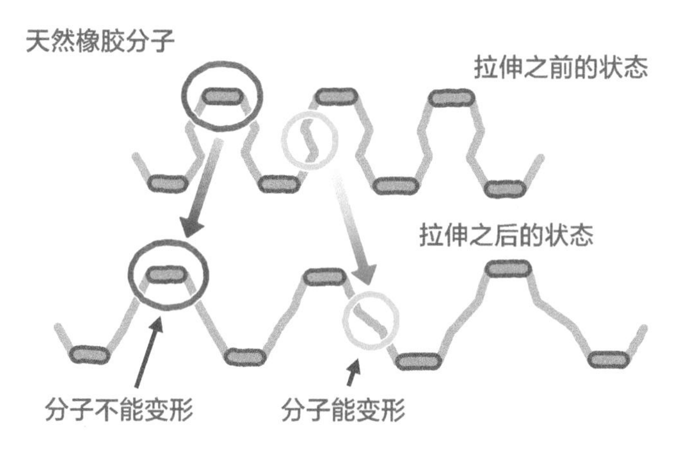

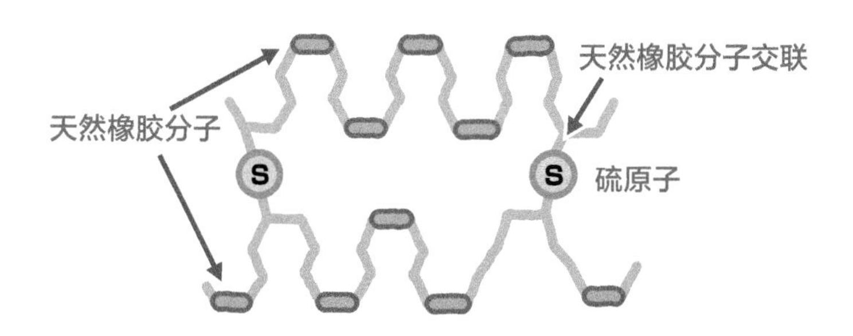

天然橡胶中加入硫改良成的硫化橡胶中，依靠硫实现分子之间的结合（交联）。因而，分子不能移动，天然橡胶强度低的情况就被改善了

大量的硫混入后，有很多地方会发生分子交联，变成很硬的物质。这就是被称为“硬橡胶”的塑料

图2-37 天然橡胶和硫化橡胶

称为“**硫化**”，这种产品则被称为“**硫化橡胶**”。

通过硫化交联，橡胶的分子形成了立体的网状结构。但是，因为网状的分子中也保留了大量的椭圆部分，所以即使外力使分子的形态发生了变化，橡胶依然能够保持弹性。正因如此，我们才说橡胶与塑料的不同在于其交联分子的形态。

当然，事实并不是这么简单。塑料中也有“**硬橡胶**”和“**酚醛树脂**”等具有网状结构的种类。然而，拥有这种网状结构的塑料在像橡胶那样被拉伸时，网状的部分并不会发生变形。因此，橡胶和塑料的不同在于，受力时分子的形态是否容易发生变化，卸去外力时是否能恢复到原来的形态，总之就是是否拥有弹性。

顺便说一下，硬橡胶就是因向橡胶中加入了十倍的硫，导致椭圆部分几乎完全消失而形成的非常硬的物质。1851年，古德伊尔的弟弟和英国的汉考克，在被大西洋隔开的两块土地上同时期发明出了这种最早的半合成塑料。此外，酚醛树脂在1907年被开发出来，成为世界上最早的合成塑料。将“硫化橡胶”经人工与石油等合成的橡胶中有一种“**丁苯橡胶**”（SBR）。塑料中还有几种用于生产鞋底等的“**EVA树脂**”和“**热塑性高弹性塑料**”，它们具有与橡胶类似的弹性，但它们产生弹性的机制和橡胶是不一样的，本书就略去不做介绍了。

塑料中也有与橡胶性质类似的热塑性橡胶（高弹性塑料）

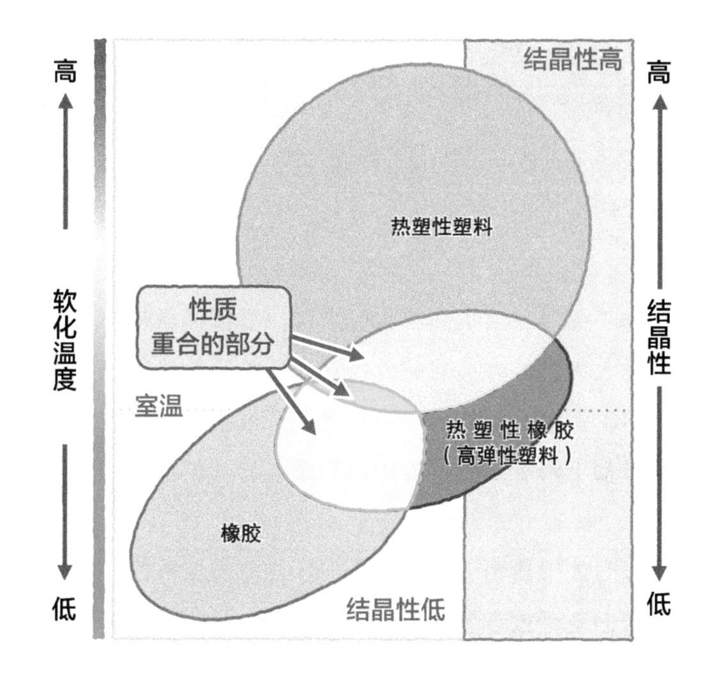

热塑性高弹性塑料，是并没有像橡胶那样进行硫化交联处理，却有与之相同弹性的塑料（下图中笔的手握处）

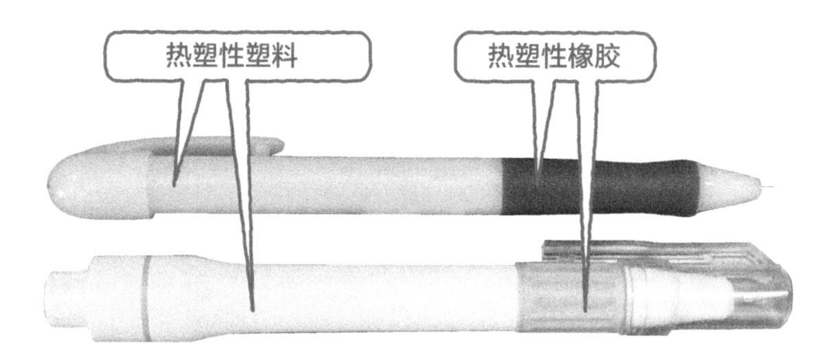

图2-38　热塑性塑料和橡胶的性质差异

2.26　橡皮是橡胶还是塑料？

橡皮主要有擦除铅笔痕迹的“**字擦**”和擦除圆珠笔等痕迹的“**砂擦**”。砂擦是由**合成橡胶**制成的，而字擦则基本上是由**塑料**制成的。

自1886年铅笔在日本国产化以来，橡皮就不仅是小孩的学习用品，还是大人们的办公用品。或是由于铅笔使用起来不方便，或是由于自动铅笔、圆珠笔等各种笔被开发出来，传统铅笔和橡皮的消费量都下降了。文字处理机和个人计算机的出现对此也有一定影响。

刚面世时的橡皮由**天然橡胶**制成。在热和紫外线的影响下，天然橡胶表面变硬或者发黏，性质的劣化非常明显。因而，现在只是应用在一部分砂擦中了。

不过，20世纪50年代“**聚氯乙烯树脂**”在日本国内产量上升。人们不断尝试探索其使用方法，**塑料橡皮**就这样诞生了。虽然不清楚最早的试制品是谁制造的，但是由于聚氯乙烯树脂的优越性能，使得天然橡胶制橡皮逐步被塑料橡皮所取代。

塑料橡皮的制造方法如下。以聚氯乙烯树脂等塑料的粉末为基础，加入可以使塑料柔化便于加工的油状“塑性剂”，制成黏状液体。根据产品的不同加入相应的着色剂和产生气味的香料。当然，原料的比例是企业的秘密。

混合好的原料在成型机中被加热，挤压加工成产品的形状。

“橡皮”的原料天然橡胶

下图是塑料橡皮“字擦”的原料。从左向右依次为原料塑料“聚氯乙烯树脂”、柔化原料的“塑性剂”、以贝壳为原料的填充剂“碳酸钙”

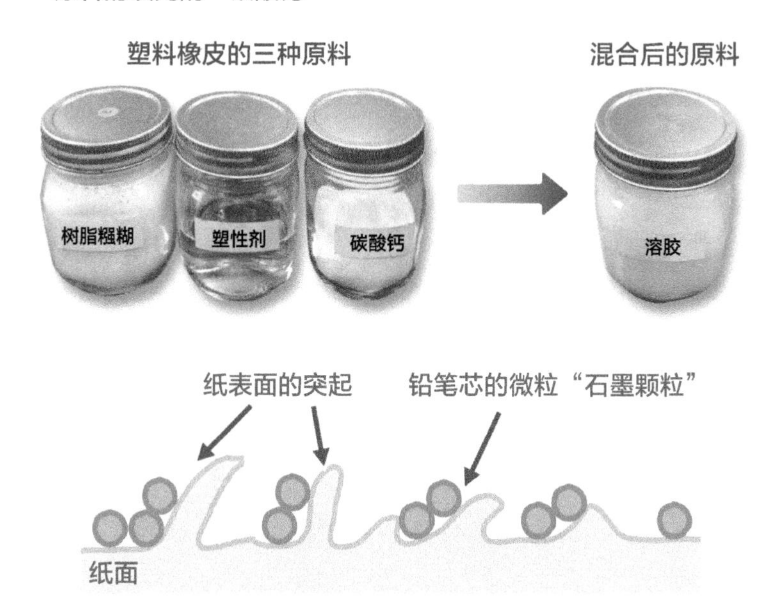

铅笔前进的方向

铅笔的书写痕迹在纸上的状态
参照日本SEED公司提供的黑白原图

图2-39　最初的橡皮和字擦的原料不同

普通的四方橡皮是由挤压成型机制出几十厘米厚的制品后，再切割成产品的大小。制造特殊形状的橡皮时，则是采用喷射成型法加工出塑料积木那样的产品和两种不同颜色的产品。

这种橡皮中所含的塑性剂，接触到其他的塑料时，也会一点一点地溶入该塑料中，使之软化并形成一体。将其置于保护容器中也正是这个原因。

当然，大家要问的问题是为什么橡皮能消除铅笔的字迹呢？

用铅笔书写时，铅笔中用黏土固定住的**“石墨”**被纸表面突起的纤维削落，残留在了纸的表面，这就是文字或图画。

用橡皮消除这些文字时，石墨从纸表面被剥落下来，被吸附在橡皮的表面上。塑料制的橡皮，吸附石墨的能力很强，并且只要在使用后将橡皮表面清理干净，就又可以吸附石墨了。另一方面，天然橡胶制橡皮对石墨的吸附能力则很弱，不能擦得很干净。而且，用较大的力去擦纸，会使纸表面的凹凸被破坏，石墨就会进入到纸的内部，因橡皮难以将其吸附，使得石墨残留下来了。

顺便说一句，消除圆珠笔痕迹的“砂擦”是将渗入纸内的墨水和纸的表面一起擦落下来的。

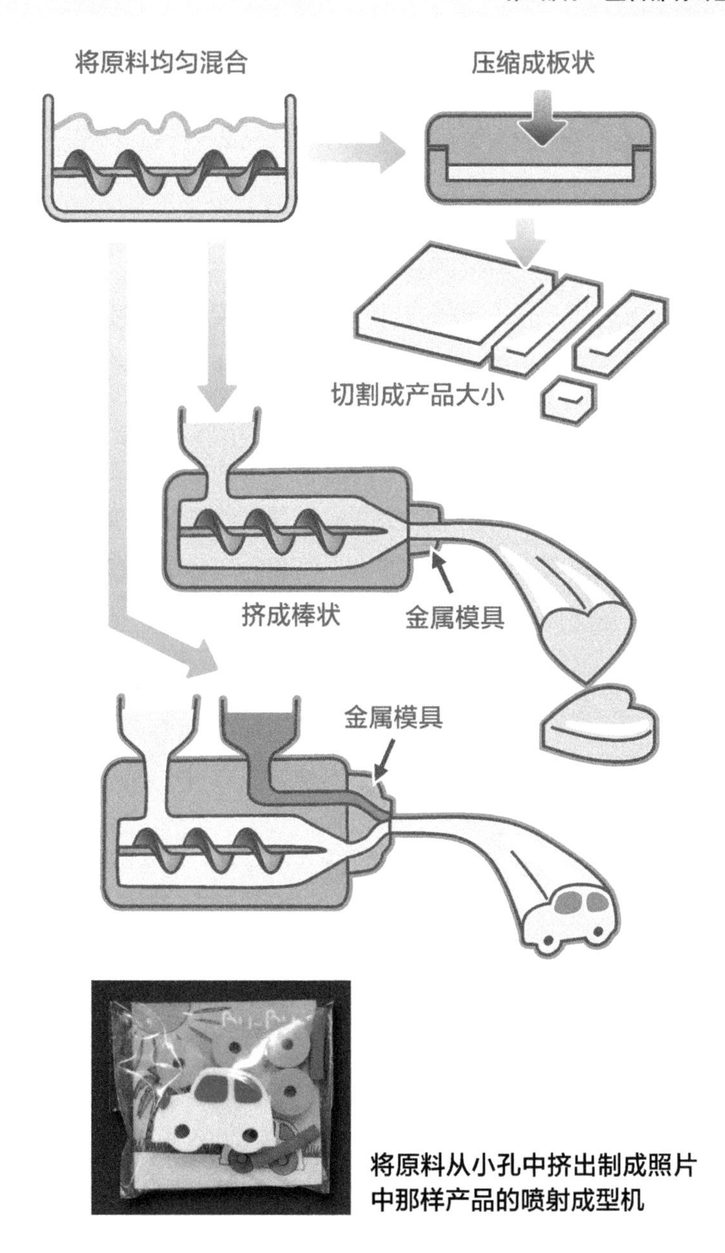

图2-40　塑料橡皮的制作方法

2.27 塑料产品都具有特定形状吗?(黏合剂)

提到塑料的时候，很容易就联想到薄膜、塑料盒、塑料袋等具有特定形状的产品。“**热塑性塑料**”被加热时会变软，具有可以被加工成各种形状的“**可塑性**”。利用这种可塑性制造出了各种各样的产品，这其中也有没有特定形状的。

例如**黏合剂**，自古以来都是淀粉胶、动物胶那样的，与水等液体混合在一起使用的物质。将其在不同物体表面薄薄地涂上一层，将两个物体压在一起，它就会在物体的间隙中扩展。过段时间液体干了，液体中混合的分子将两个物体吸引住，使其不能分开。这时产生的黏合剂层，就是没有固定形状的塑料产品。

这种无固定形状的产品，可用高分子制作。淀粉胶和动物胶是天然的糖和蛋白质等，本来就是大分子的物质。人工的黏合剂中不仅有“大分子”也有“小分子”。

举例来说，代替淀粉胶的“**聚乙酸乙烯酯**”是在低温下就可柔化，不能加工成固定的形状，只用作口香糖的主要成分的塑料。将其与水混合，就成了**木工胶**，这是可以将纸、纤维、木材等紧紧粘接在一起的黏合剂“**聚乙酸乙烯酯乳胶**”。这时的“聚乙酸乙烯酯”就是被加工成与想要粘接的物体表面形状相吻合的塑料。

胶有液体和固体两种形态。液体形态的有用于纸的胶水和使洗过的衣物恢复形状的洗涤糊等。这一类中除淀粉胶之外还有“聚乙酸乙烯酯”的水解产物“**聚乙烯醇**”（PVA）。固体形态

瞬间黏合剂是利用空气中的湿气瞬间将两个物体吸附并固定。黏合前的“小分子”和水分子结合变成“大分子”（塑料），将两个物体黏合在一起

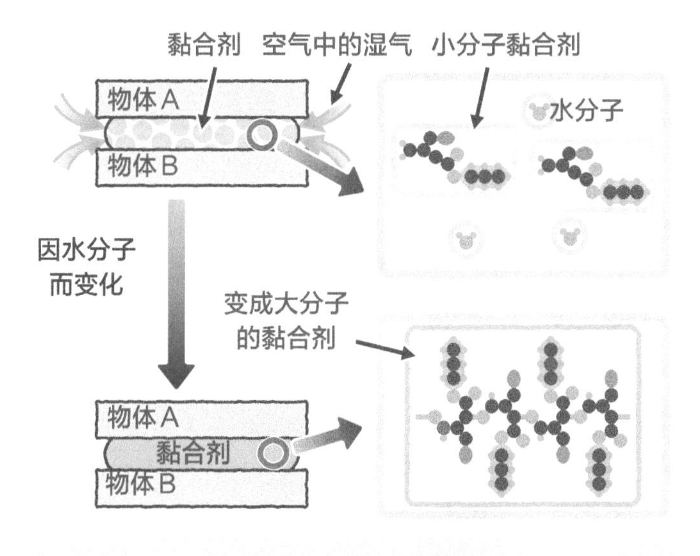

图2-41　瞬间黏合剂的原理

column　一点点水就能固化的黏合剂

环氧树脂黏合剂与将聚合物与水混合后使用的木工胶不同，是由塑料原料的单体及将单体变成高分子固化的两种液体构成。但是“瞬间黏合剂”则是只注入单体。那又是怎样变成高分子的呢？

瞬间黏合剂仅是注入名为“氰基丙烯酸酯”的单体。但是，容器中跑出的分子，与空气中所含的非常少的水分反应，很快变成名为“聚丙烯”的高分子，发挥出其黏合力，所以容器中只放入单体。因此，容器的盖子不闭紧是不行的。

此外，聚丙烯与加工水槽容器用的透明的“丙烯酸树脂”是一类物质。

的胶（胶棒）一般使用的是名为**PVP**（聚维酮）的塑料。

胶是与水混合的黏合剂，其在金属、玻璃还有陶器等疏水物体上无法使用。粘接这样的物体常用的塑料是“**环氧树脂**”。这种黏合剂使用的是与淀粉胶等不同的单体，即由“小分子”为原料制成产品的“**热固性塑料**”。使用的材料包括被称为“**主料**”的塑料原料和被称为“**硬化剂**”的有助于其成为“大分子”的物质。这两种材料（即黏合用的液体）等量混合后，开始反应生成被称为环氧树脂的聚合物，两个物体就被黏合在一起不能分开了。这种黏合剂，一般8小时左右完成反应，但也有几十分钟即可完成反应的“速干型”种类。

最后，简单地说明一下为什么黏合剂可以黏合。一种说法是，黏合剂进入到如**图2-42**所示的两个物体凹凸不平的缝隙中，固化后，恰似打入了楔子一样，将两个物体黏合起来，即所谓的“机械学说”。胶、聚乙酸乙烯酯在黏合纸和木材等物体时对应的是这种学说。

与之相对，在玻璃和金属等平整的表面间扩展，将两个面黏合在一起的环氧树脂等，用“化学键、物理力学说”来说明。环氧树脂分子中存在着能结合吸引其他原子的“**取代基团**”。利用这个功能，不同的物体就难以分开了。

所谓黏合，是指在两个物体之间涂上的黏合剂经固化将两个物体相互吸引在一起

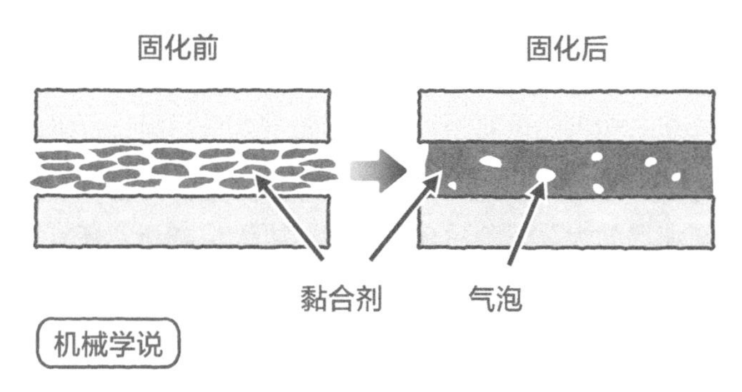

机械学说

黏合剂在物体表面的凹凸不平处“抛锚”，或打入“楔子”，固定住物体

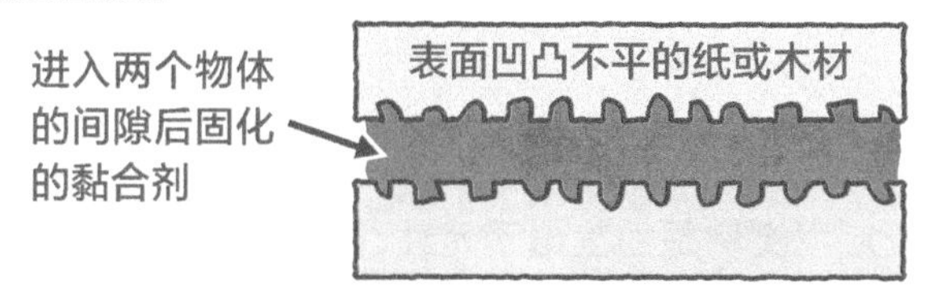

化学键、物理力学说

黏合剂与物体表面的分子结合，在化学键作用下固定物体

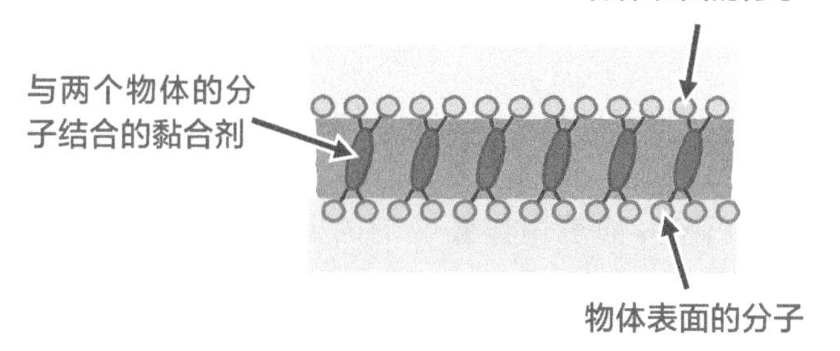

图2-42　黏合的原理和机制

2.28 环氧树脂是什么样的树脂?

“**环氧树脂**”是两管不同液体等量混合后，经反应生成的高分子的聚合物，除用作黏合剂外，还有很多用途。

环氧树脂的大分子除黏合力之外，如**图2-43**所示还有很多优越的功能。例如，与黏合力相关的柔软性和强韧性，以及很好的耐热性和耐药性。正如其名，氧被三角形状的“**环氧基**”原子团围住。通过放出这些氧可以和相邻的分子结合，形成如同儿童攀登架一般的立体网状构造。这种结构形成后，整体就变成了很硬的固体，受力受热形状都不会被破坏。

具有这样优越性质是环氧树脂能够在许多方面被使用的理由。其中一个应用实例是加工电子元件。电子元件对灰尘、户外空气、光的抵抗力弱，因而必须得到很好地保护。所以，环氧树脂用于生产被称为“**封装剂**”的保护材料，在各种环境中保护电子元件。

然而，构成网格的环氧基的间距太大，高温下封装时，保护膜会歪曲，与元件之间会产生空隙，存在着达不到预定效果的问题。

因而，能够缩小环氧树脂网格间隙的新型“**酚醛型**”环氧树脂被开发出来。而被用作黏合剂的旧型环氧树脂则被称为“**双酚型**”。

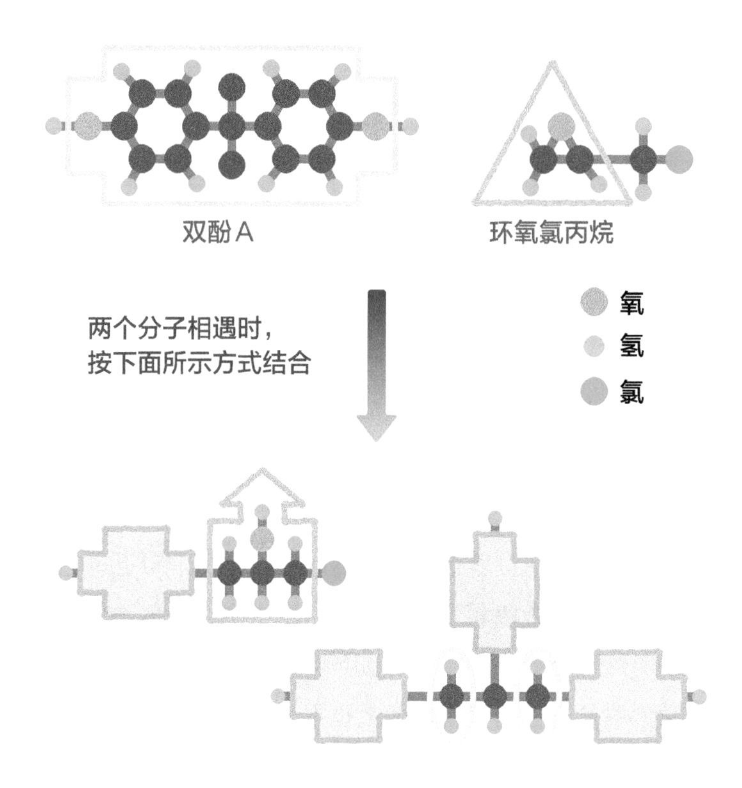

通过这样的方式，双酚A和环氧氯丙烷变为大分子。这就是构成网状结构的“环氧树脂”

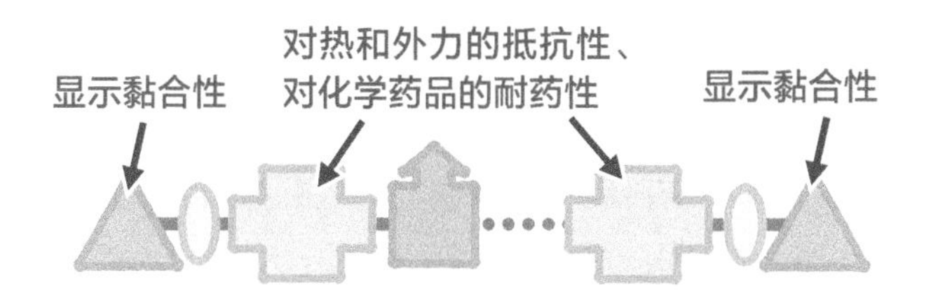

图2-43　环氧树脂分子的骨架模型

2.29 塑料产品都具有特定形状吗?(涂料)

一般的涂料和颜料，与黏合剂相似，都是没有固定形状的高分子。颜料是着色涂料的一种，这里都当做涂料来看。涂料具有保护壁材和家具不受雨水和高能量紫外线损害的作用。因而，即使在表面涂上的涂料很薄，之后也需要固化变硬。这种固化变硬的物质就是由大分子形成的“**丙烯酸树脂**”、“**聚酯**”、“**环氧树脂**”等塑料或天然树脂。

为了溶解高分子（准确说是与其混合），需要使用易于蒸发的液体作为溶剂。**有机溶剂**中的“甲苯”和“丙酮”，气味刺鼻，吸入人体后会对健康造成不利的影响，因而，最近普遍使用的是溶于水的“**水性涂料**”。而且，涂料中含有着色的颜料和保护金属表面的防锈剂等。

这种涂料具有在垂直的墙壁上也不会像雨水那样流下来的不可思议的性质。用刷子就能轻松地涂抹，涂到墙壁上又不会流下来，这种性质被称为“**触变性**”（thixotropy）。

用圆珠笔在纸上写字时，同涂料一样，墨水也有触变性。用力在纸上按压笔时，笔尖的墨水软化流出；当笔离开纸面时，墨水又回到了原来硬的状态。涂料也是如此，用刷子涂时，涂料软化变薄摊开，刷子离开后又会变回硬的状态。这种触变性是混有塑料等大分子的液体所显示出的特有性质。

涂料中也有引人瞩目的产品。其中一种是在邻居家等着火时防热用的“**耐火涂料**”。不需要喷涂耐火材料，只是在露出的钢

涂料有三层，中间层的发泡剂受热时会膨胀几十倍，之后还会碳化，阻止外部的火焰，保护建筑物

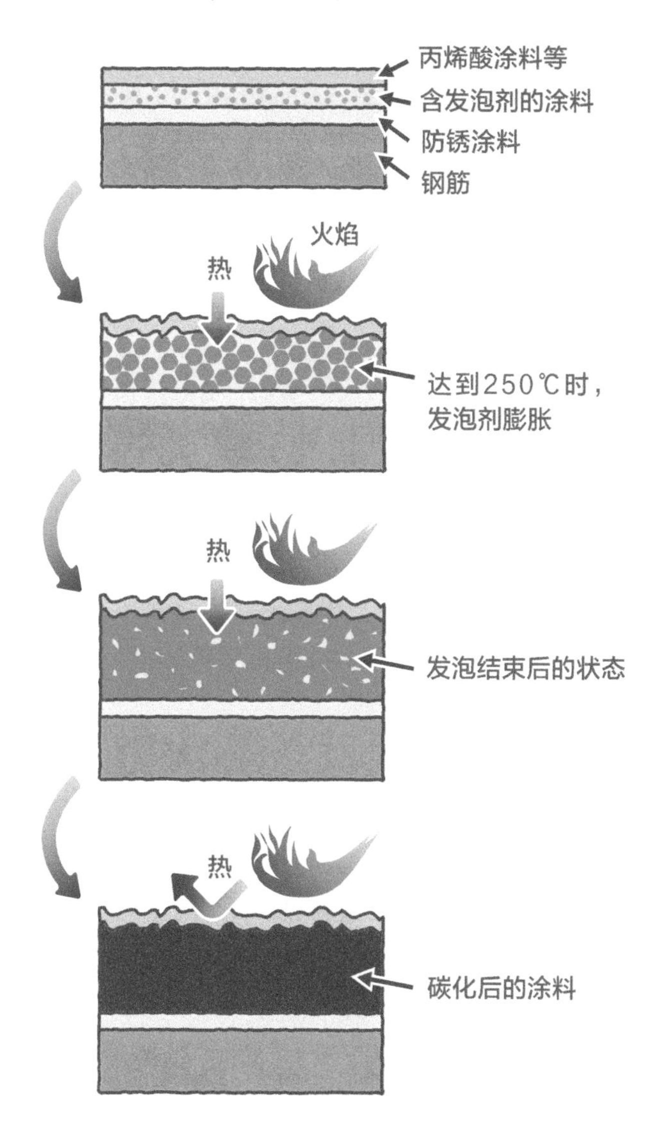

图2-44　混有发泡剂的耐火涂料的原理

筋表面涂上2mm厚的耐火涂料，就能防止钢筋在火烤中变软，这就是“**热发泡性**”涂料。

钢筋的表面涂有普通的防锈涂料，涂料的表面再使用**丙烯酸**、**醇酸**、**聚氨乙酯**制的涂料。关键在于中间的耐火层，用的是颜料、受热会发泡的发泡剂、受热会转化为碳的碳化剂的涂料。当这种涂料的膜受到火烤达到250℃时，耐火层会发泡，碳化剂会变成碳，厚度膨胀到原来的25～50倍，从而防止热量向内部传递。

还有一种只涂在房屋的外壁和房顶，防止因太阳照射导致室内温度升高的“**太阳热阻断涂料**”。用的不是厚的隔热发泡塑料等，而是只有隔热材料百分之一厚但可以达到相同隔热效果的涂料。这种涂料是美国国家航空航天局（NASA）为了使航天飞机的发动机不结冰而开发出的特殊涂料。

这种涂料是由丙烯酸类树脂的涂料和陶瓷的特殊微粒混合而成的。厚度只有0.2～2mm，却能阻挡九成以上的太阳照射的热量。这种涂料如果涂在房子的外壁和房顶上，可以在现有基础上进一步降低空调的能耗。

阻断太阳照射热量的陶瓷微粒，体积占涂料的40%～60%，中间有很多不同大小的空洞。空洞的内侧反射太阳光，而微粒的表面则反射被称为远红外线的长波红外线。这些微粒，在涂膜中重叠三层，即可防止太阳照射的热量传递到建筑物内部。

涂料中，混杂有大小不同的三种“陶瓷”的小颗粒。这些颗粒的空洞表面能反射阳光，阻碍了太阳照射的热量在建筑物中的传递

大小不同的三种陶瓷颗粒

中间有空洞的陶瓷颗粒反射太阳光

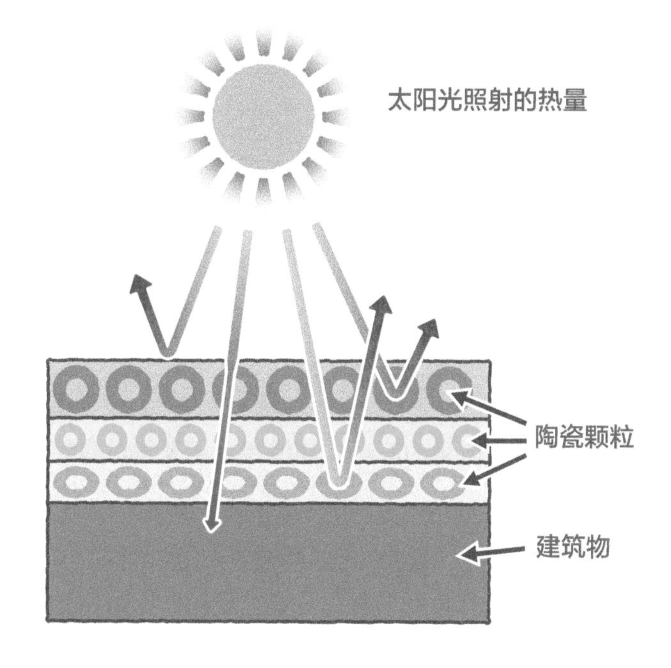

分散在涂料中的“陶瓷”颗粒反射太阳光

图2-45　“NASA”开发的丙烯酸树脂涂料反射太阳热量的原理

2.30 光纤是什么线?

1876年美国人贝尔发明的电话使用了很长的铜导线。但是距离变长时，铜导线的电阻增加，传递声音的电信号会随之减弱，也会带来杂音。另外，一根线的通信量是有限的，无法满足日益增多的用户。为此，不将声音转换为电信号，而是转换为光信号的**光通信**的想法孕育而生。光通信中所使用的缆线被称为**光纤**。

声音转换为光的原理涉及较深的专业知识，本书不做介绍。但是，会对传递光信号的缆线的原理和结构做一些说明。传递电信号的电缆线越粗，信号越容易传递，但是光信号传递却并非如此，它受信号线透明度的影响很大。只要透明，不但能做得比电缆线还细，而且能比电缆线一次传递更多的信号。

这里出现的问题在于能传递光的透明材料。长距离的通信中，使用的是高价的用**石英玻璃**制作的缆线，短距离的通信使用的是价格便宜的用塑料制作的缆线。例如，利用石英玻璃向1km外的地方传递信号，信号只有约5%的损失。这是电缆线所不具备的性能。而且所用的石英玻璃缆线只需要电缆线粗细的几十分之一，为0.1～0.3mm。塑料制的缆线，略粗，为0.5～1mm，传输过程中的信号损失也是石英玻璃制的10倍左右。因此，使用场合不同，所用的材料也不同，电话之类的长距离传输使用的是石英玻璃，音响之类的短距离传输使用的是塑料。总之，所使用的都是粗细不足1mm的细缆线，这种缆线被称为**光纤**。顺便说一下，塑料缆线是由易加工的透明的**丙烯酸树脂**制作而成的。

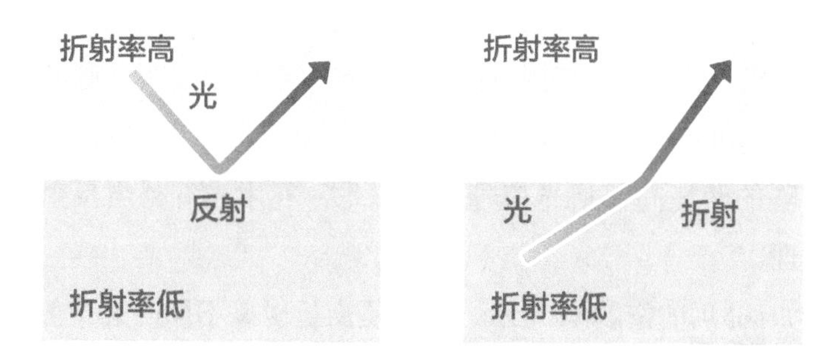
在透明物体内行进的时候，光的弯曲方式不同。左边的是光被反射，右边的是光线穿过，方向发生改变
折射率高
光
反射
折射率低
折射率高
光
折射
折射率低

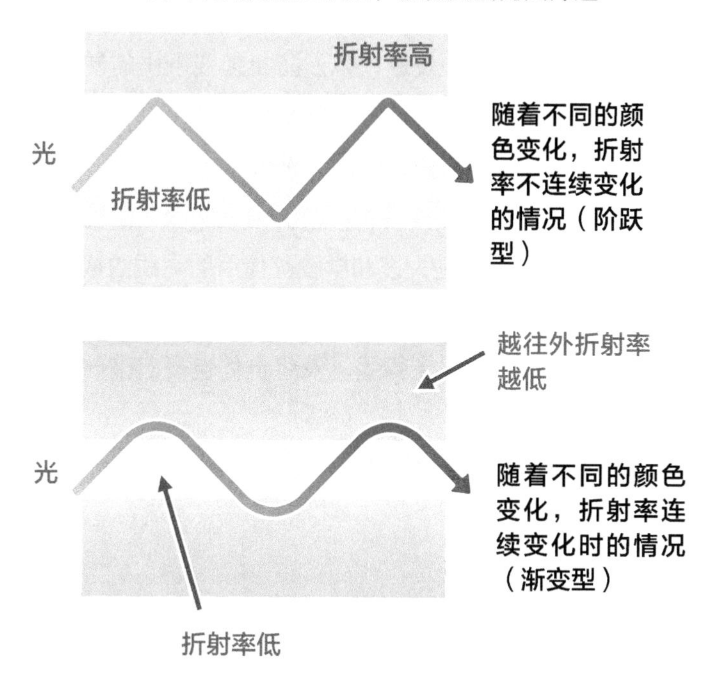
光纤利用光的全反射，使得光线无法外逃
折射率高
光
折射率低
随着不同的颜色变化，折射率不连续变化的情况（阶跃型）
越往外折射率越低
光
随着不同的颜色变化，折射率连续变化时的情况（渐变型）
折射率低

图2–46　光纤的结构

光纤的构造也很有特点。众所周知，光是直线传播的，途中不可能弯曲。但在架设通信线缆的过程中，免不了需要弯曲。为此，光纤利用光的性质具有了使光发生弯曲的构造。

直线传播的光，若其通过的介质密度发生改变，则其传播方向也将变化。这就是**反射**和**折射**。光纤利用光反射的性质，在相隔的两地间传播光信号。也就是，利用光纤外层反射光线的原理。

如165页的**图2-46**所示，光纤是由折射率不同的几个部分构成的。但是，覆盖纤维的材料是容易和光纤结合的同种材料。玻璃外面覆盖的是玻璃，塑料外面覆盖的是塑料。从而，各种各样的元件结成一体便制成了光纤缆线。

光纤中有保护纤维的皮膜，以及防止缆线下垂的硬且结实的金属或塑料支撑线。皮膜中有直接保护单根纤维的皮膜，也有保护由数根纤维结成的光纤捆的保护薄膜和皮膜。

缆线的粗细以及保护薄膜和皮膜的构造，取决于缆线中纤维的根数。**图2-47**显示的是大厦和学校等使用的缆线的截面。光纤缆线是由用颜色区分开的用于保护**聚乙烯光纤**的皮膜、同种材料的保护薄膜、硬质的塑料支撑线以及将全体包裹起来的硬质的**氯化乙烯树脂**皮膜构成的。

光纤不仅用于通信，也用于照明。

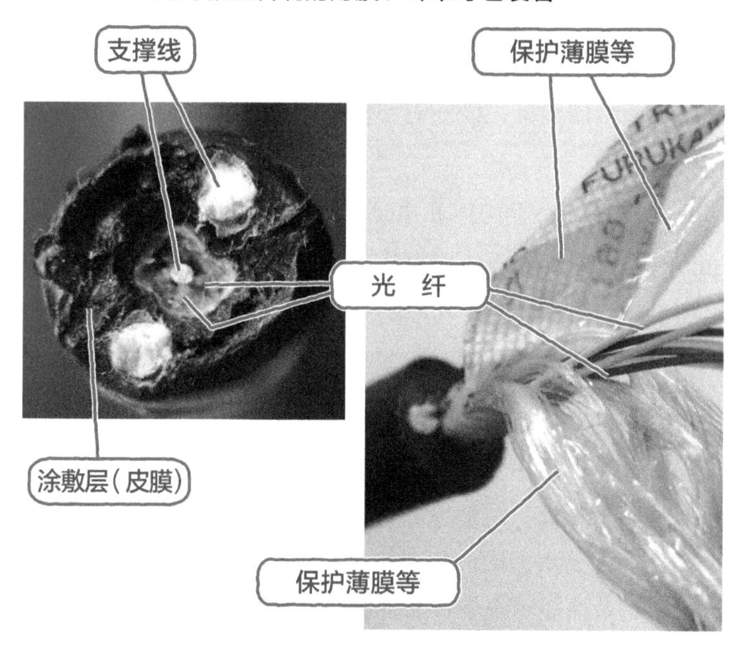

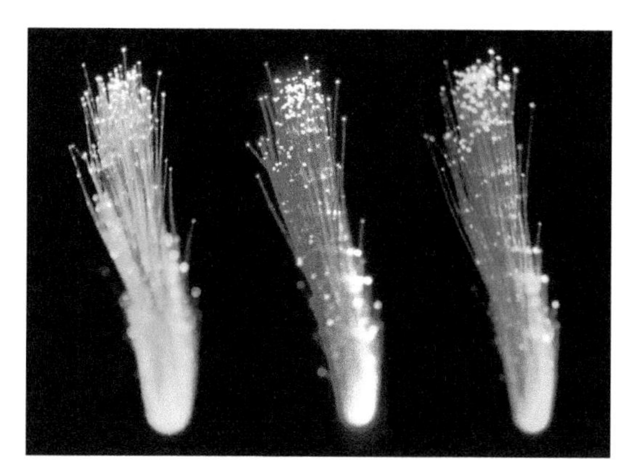
照明用的光纤

图2-47 光纤的横截面

2.31 威胁光纤塑料皮膜的是哪种动物呢？

用于通信的光纤，面临着小动物的威胁。“犯人”又是怎样的动物呢？

众所周知，用于网络和电话之类通信的光纤是直径为0.1～0.3mm的非常细小透明的玻璃线。如果保护光纤的塑料制的塑料皮膜被小动物破坏，位于其中的光纤也会受到影响。

在日本，这种动物就是盛夏里在西日本地区出现的蚱蝉。蚱蝉体长约为5cm，是日本最大的蝉。“犯人”是雌性蚱蝉，使用的“凶器”是几厘米长的针。它把光缆误认为是小树枝，向光缆中插入输卵管产卵。这种输卵管能穿透两层塑料皮膜，刺伤中心的光纤，导致通信中断。蚱蝉攻击的目标不是很粗的干线，而是从干线中引出通向千家万户的细光纤。

不过，我们已经找到对策了。在光缆外侧的“**氯化乙烯树脂**”和内侧的**聚乙烯**塑料皮膜中间添加了更加坚硬的屏障，以保护被覆中间的光纤。另外，也有人提议在光缆附近布置类似于细树枝的别的缆线，借以观察蝉的反应。

随着全球变暖的加剧，现在蚱蝉的势力范围已经扩大到了日本东部沿海地区，不久后将会入侵至东京及其周边地区。但愿这个对策能够奏效吧！

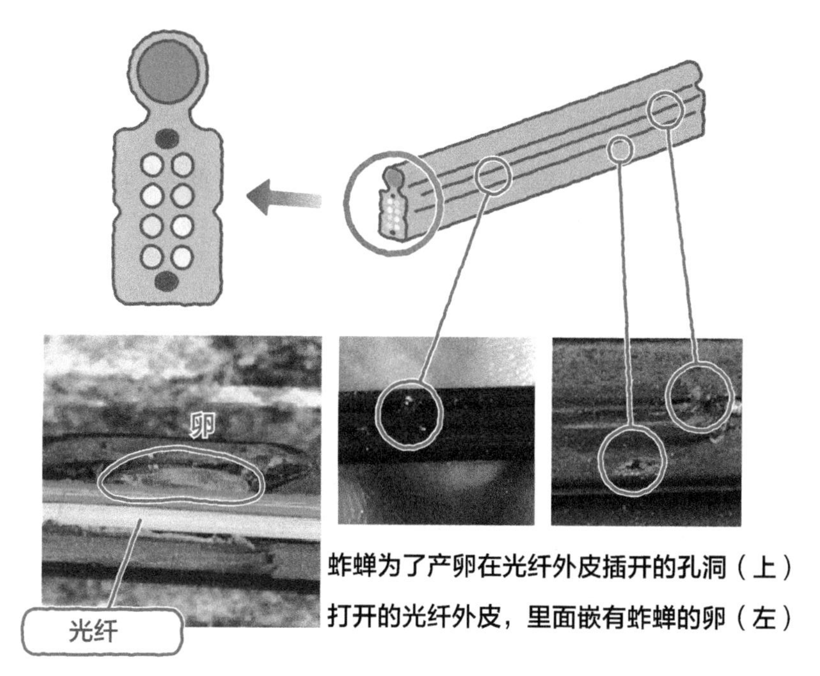

插图参照《NTT技术期刊（2007.5& 6）》
照片提供：日本电信电话

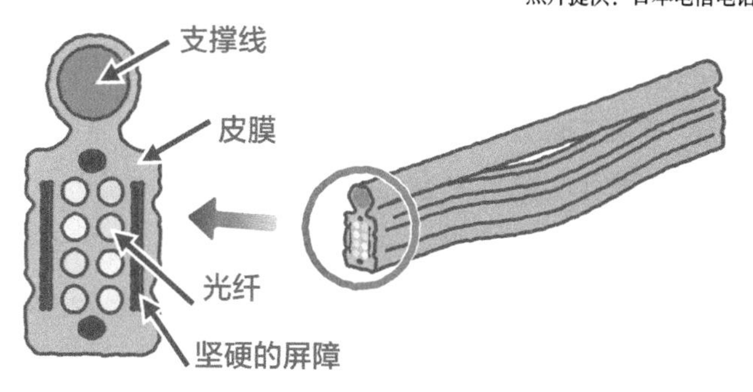

根据对策改良的光纤。为保护光纤加入坚硬的屏障，将支撑线与线缆分离开来

图2-48 危害光纤皮膜的动物是什么？

2.32 塑料中也有纳米技术吗？

纳米技术是在肉眼无法观察的微小世界里进行加工的技术。顺便提一句，1nm等于1m的十亿分之一。

这里介绍两个例子。

首先是对在“微型化学工厂”里所使用的机械进行制造研究。这是和1966年美国拍摄的电影《奇异的旅程》中所描绘的世界相似的研究，就是将药物在患者的体内直接合成。

例如，制造这类机械使用的不是金属，而是在紫外线照射下能够从液态变为固态的**感光树脂**。原料为**环氧树脂**和**聚氨酯**。能够通过计算机对用其制造出来的机械零件（**图2-49**中的照片）实现远程操作。

制造这类机械的系统，不仅用于“微型化学工厂”，还能应用于自行车、飞机和医疗器械等试样模型的制作。机械和试样模型是按照计算机制作的设计图，在紫外线激光照射下硬化而成的。因此，可以用**图2-49**所示的装置，通过光线的照射实现高精度的控制。这种装置会逐层制作想要制造的机械的断面，使之成型。也就是说，按照设计图的尺寸，前后左右移动液体原料，在想要加工的地方照射大约0.2mm的聚焦光线，使原料反应，从而制作出机械的一层断面。

一层断面完成之后，将原料上下移动继续下一层的制作。虽然因机械的大小而异，但完成一层的加工一般需要花费两三分钟。因此，完成高度为10cm的产品，最少需要花费大约17个小

左图是直径为千分之五毫米的世界最小的“纳米齿轮”，右图是合成药品的“微型化学工厂”（化学IC芯片）。这和化学工厂不同，是只有指尖大小的装置

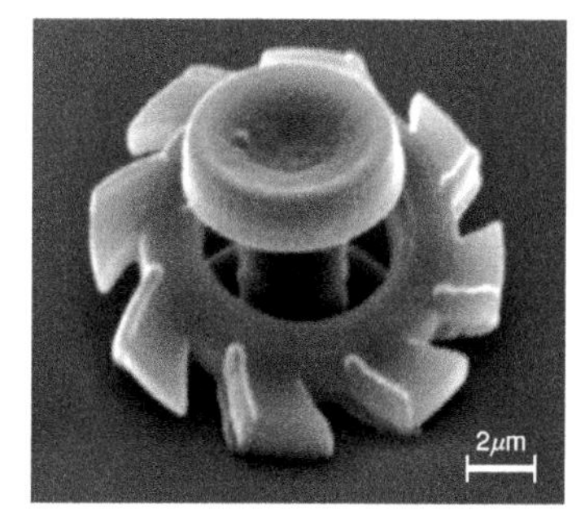

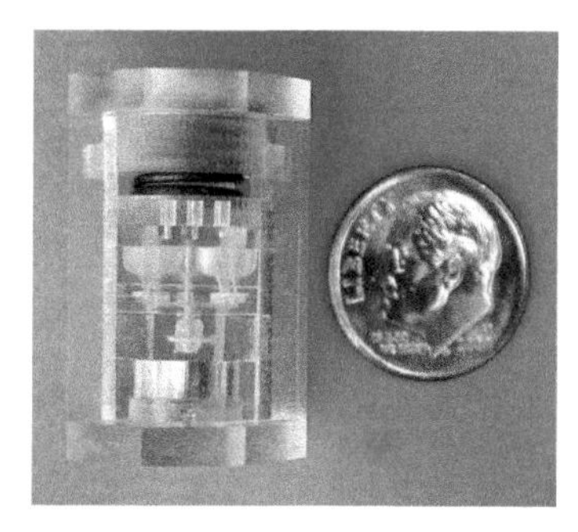

照片提供：生田幸上先生（名古屋大学）

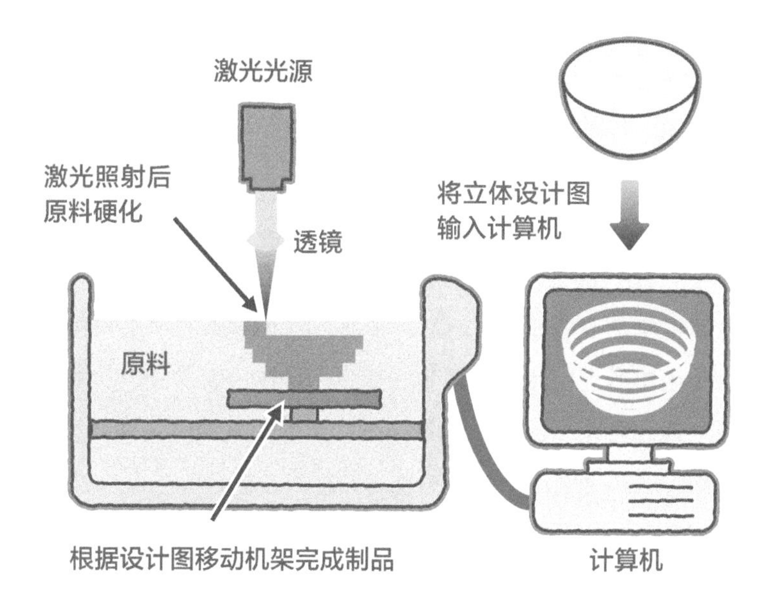

用激光照射液化后的“感光树脂”，根据设计图加工产品的装置。作业是通过计算机控制的

图2-49　用感光树脂制作的机械

时。无法像普通塑料制品那样实现短时间的大量制造。所以，这个技术主要用来制作试样模型。

接下来介绍利用感光树脂在树脂表面刻画细小图案的技术。这种技术叫做**新平版印刷术（Lithography）**，是对版画的平版印刷术（Lithograph）的一种改良。

平版印刷是在石头和铜板表面用细小的线条刻画图版，然后涂上颜料，摹画到纸上的印刷术。将这种平版印刷改良，在人工制作的高纯度的石英或硅的圆盘表面涂上感光树脂，像是拍照片一样利用紫外线将原画烙在上面。通过显影，在树脂表面制作出肉眼无法看见的电气电路的技术就是新平版印刷术。

这里要介绍的是，将把新平版印刷术进一步改良后产生的称为 **纳米平版印刷**的新技术。这种技术使用的是比紫外线波长更短的电子束，能够刻画比LSI之类的集成电路元件的电路图更加细密的图样。

图2-30是利用**丙烯酸树脂**制作的地球仪。4万公里长的赤道圈缩小到只有0.2mm，而地球仪的直径也只有60μm。利用电子束在其表面描绘出普通地球仪一样的地图。这个地图的精度为10nm，青森和函馆所夹的津轻海峡也在**照片**上清晰可见。而且，据说描画这个地图只花了2min。能够描画细致的图案同时又能以很快速度描画，这就是纳米平版印刷技术的精妙之处。

使用电子束在丙烯酸树脂表面加工成的地球仪

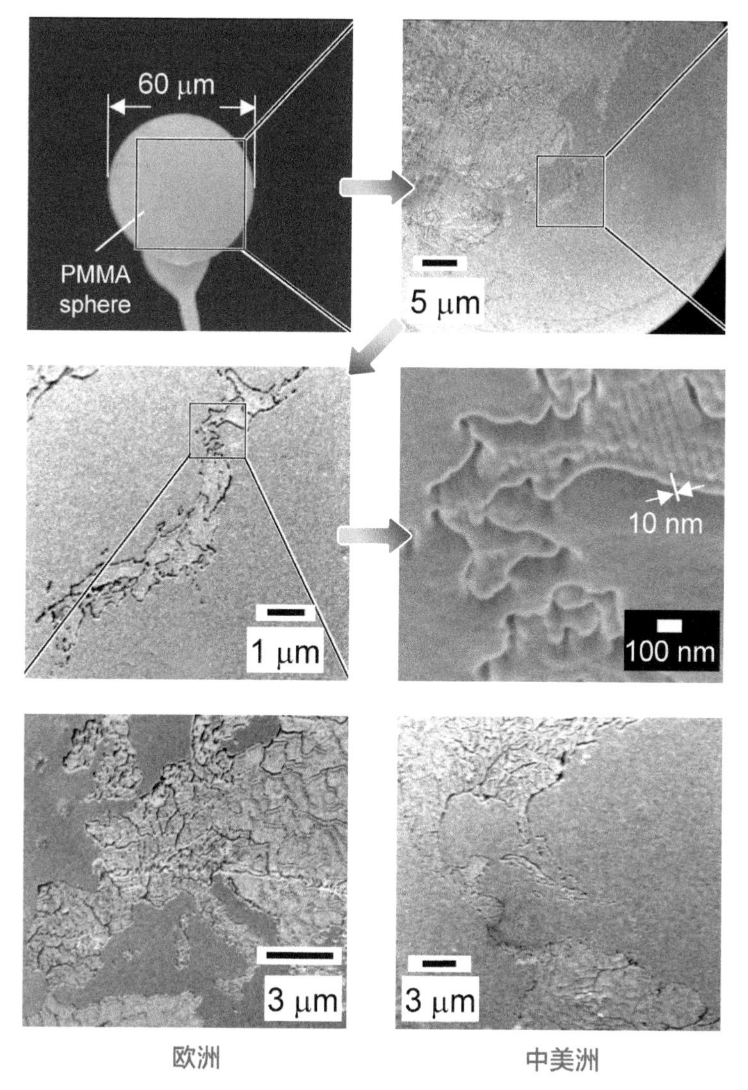

照片提供：NTT物质基础科学研究所

图2-50　丙烯酸树脂制作的地球仪

2.33 书刊印刷使用塑料了吗?

进入主题前，先简要介绍一下印刷的方法。乔万尼（宫泽贤治作品《银河铁道之夜》中的主人公）放学途中进入了一家印刷厂，按照原稿位置，拣齐活字，一一对应排版后，拼成一张活字版。把这块版放在印刷机上印刷。如此，原稿上的内容就印刷到了纸张上面。与之相比，现在的印刷方式又有所不同。

首先，在计算机上写出原稿，将它们逐页复制到胶片上制作成“**原版**”。进一步加工这个原版，制成相当于活字版的**印刷版**。将这个印刷版放置到轮转机上，将其印刷到纸等的上面。塑料不仅用于制作原版和印刷版，还可用于油墨中。

制作原版的胶片中，使用了耐腐蚀性强，浸水也不会缩小的塑料瓶的原料“**聚酯**”（PET）。还有，塑料也用作使墨水无法脱离印刷面的黏合剂。例如，和松脂中得到的“松香”发生化学变化制造出来的“**松香改性酚醛树脂**”、“**聚氨酯**”、“**醇酸树脂**”等。

不过，根据版的形状和油墨的涂抹方法的不同，如**图2–51**所示，印刷版有四种类型。第一种是将原版誊到版画一样的凸面上，并在凸面上涂抹油墨，用于印刷照片等的“**凸版**”。第二种是与凸版相反，将原版誊到凹面上，并在凹面上涂抹上墨，用于印刷邮票等需要细致凹印的“**凹版**”。此外，还有用于“丝网印刷”的“**孔版**”。

孔版的构造可以用以前使用过的誊写版来说明。在薄薄的油纸上用球形笔头的铁笔书写原稿。铁笔所碰之处，油去掉之后出

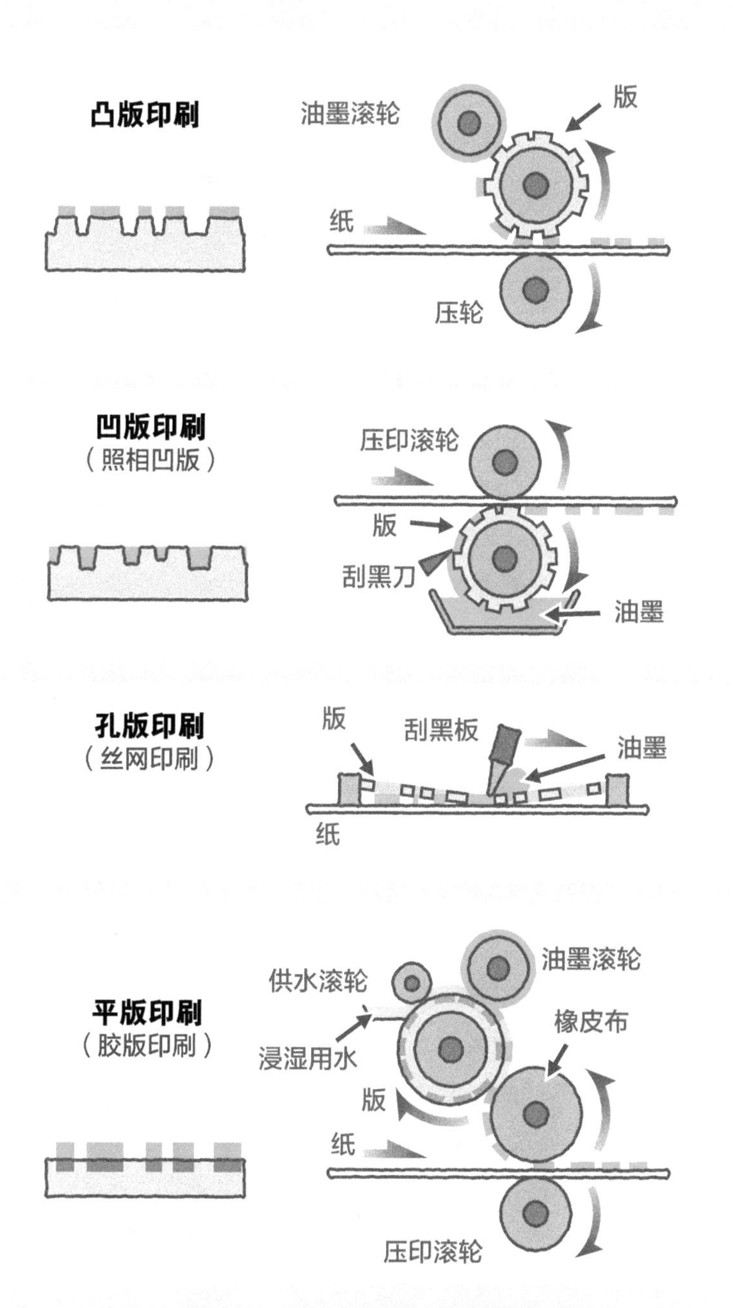

图2-51　印刷原版和印刷机的结构

现能渗入油墨的槽。按照这种方法制成印刷版，用木框固定，下面加入纸，从上压下涂有油墨的滚轮，印刷传单等。

第四种是普通的书、传单、报纸印刷中使用的，在平面上誊写原版的“**平版**”。不过，涂在版上的油墨不直接接触印刷面，而是先复制到橡胶板上，然后涂在纸上的方法。墨水很快变干，适合大量的印刷。

制作平版需要利用照片技术。版可用廉价的纸或**聚酯**制作，但一般使用的是铝制的薄板，价格较高。但是，最近开发出了将铝板像三明治一样夹进薄的聚酯中的产品。还在版的表面涂上渗入感光剂的感光层。

誊写在感光层的图像有按原版复制的“正片”型，以及按明暗反转复制的“负片”型。这两种类型的显影处理不同，感光剂和感光层的塑料基材也不一样。例如，正片型中使用了能耐碱性处理液的“**酚醛清漆树脂**”，负片型中使用了能和感光剂强力结合的、易溶于水的“**聚乙烯醇**”（PVA）等。

这些版的制作方法，不仅应用到了印刷物中，也应用到了当今流行的超薄电视面板的制作中。这些面板是由小的单元格集合而成的。将这些单元格制成整个画面的过程中需要使用印刷技术。

这种利用光线的印刷技术，在等离子电视中用于制作间隔单元格的格壁；在液晶电视中，用于制作红、绿、蓝三色的滤光器以及调整画面明暗的配向膜。

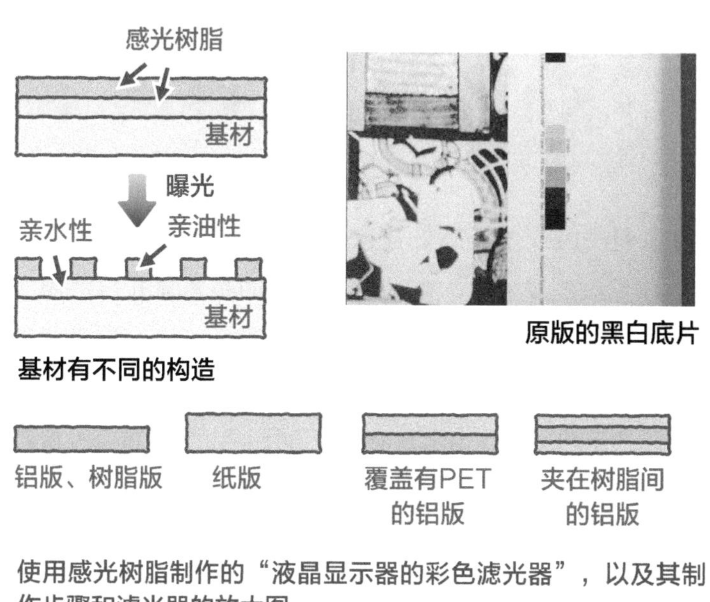

使用感光树脂制作的“液晶显示器的彩色滤光器”，以及其制作步骤和滤光器的放大图

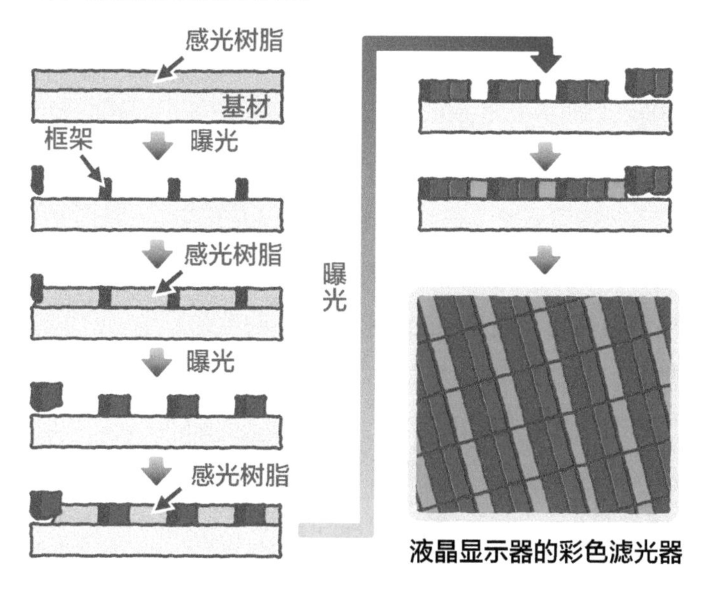

图2-52　印刷用“平版”及其在液晶滤光器方面的应用

2.34 为什么会有硬度不同的聚乙烯?

聚乙烯（PE）有性质和用途不同的好几种类型。例如，现在很少能见到的胶卷盒，它的盒盖使用的是容易开启关闭的柔软的**低密度聚乙烯**（LDPE），盒子主体使用的是**高密度聚乙烯**（HDPE）。构成这两种聚乙烯原材料的高分子形状不同。通常，如果分子的形状不同，形成的塑料也会不同，但是这两种聚乙烯是由相同的原子组成的分子骨架。那么不同之处到底在哪里?

如果能联想到头发，就比较容易理解了。头发中既有漂亮的长发丝，也有受损中间分叉的发丝。两者都是由相同的成分构成的。与之相同，成分虽并未改变，但分子的形状出现分叉，并且分叉的间隔和分叉枝的长度、形状不同。分子形状的不同，使得塑料的性质出现差异。HDPE是又硬又重、分叉较少的分子。与之相反，LDPE是又软又轻、分叉较多的分子。

事实上，这两种聚乙烯的合成方法不一样。

以气态乙烯作为原料的聚乙烯，是在流行开发取代橡胶、丝绸、羊毛等天然物替代品的20世纪30年代诞生的。最早的聚乙烯是通过把原料放在1000个大气压、200℃的条件下，强行使之反应制作出来的分叉非常多的LDPE。

大约20年后开发出来的聚乙烯是利用了使反应变容易的催化剂，在几十个大气压约90℃的温和条件下合成的分叉较少的HDPE。

这两种聚乙烯，除了硬度外密度（g/cm^3）也不一样（LDPE

聚乙烯有两种骨架的分子：伸展得很长的分子（上）和分子中间有分叉的分子（下）。分子分叉的程度不同，聚乙烯的性质也大不一样

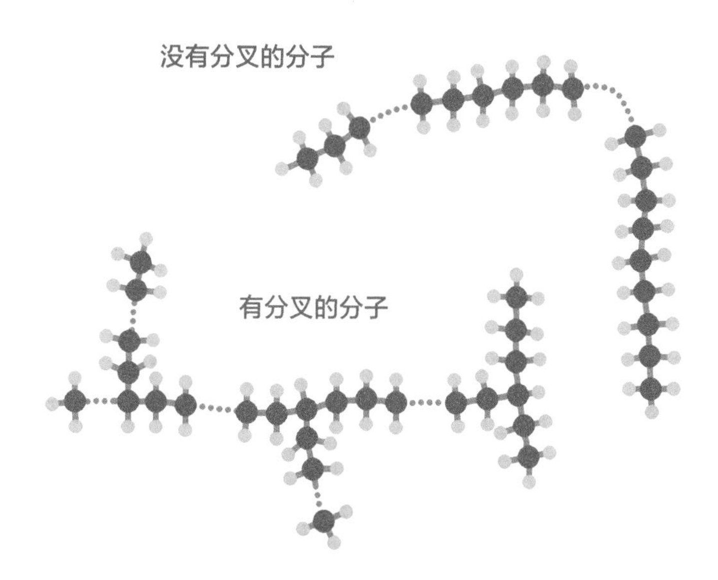

性质不同的聚乙烯分子的骨架

具有复杂分叉的“低密度聚乙烯”（LDPE，左）和分叉很少的“高密度聚乙烯（HDPE，右）。如果分子分叉较多，会阻碍分子的集聚，导致分子的密度变低。与之相反，如果分叉较少，分子容易集聚，密度较高

图2-53　制作塑料的分子的骨架的差异

为0.91～0.92，LDPE为0.94～0.97）。LDPE是透明的，熔点为100℃左右。HDPE在很多性质上不同，略带模糊的感觉，比LDPE熔点要高十几摄氏度。

后来HDPE的合成法经过改良，又开发出几种分叉程度不同的聚乙烯。例如，被称为**MDPE**的**中密度聚乙烯**，虽然其分子同LDPE分子一样在几乎相同的间隔处产生分叉，但分叉的枝没有LDPE长，而且其枝条也不分叉，相对LDPE而言是具有较单纯外形的分子。因此，其硬度和密度（0.92～0.94）正好位于上述两种聚乙烯的中间）。

此外，还有枝的长度和间隔最短，密度（0.90～0.91）最小的**超低密度聚乙烯**（VLDPE），以及几乎没有分叉的**线状低密度聚乙烯**（LLDPE）。特别是LLDPE，可以根据产品的用途，将其密度在0.91～0.94的范围内自由调控。这是因为使用了一种名为“**茂金属催化剂**”的特殊催化剂合成的缘故。

这个催化剂，不仅对分子的外形，而且对分子的长度也能控制。可能是这个原因，LLDPE的分子的质量较为集中。表现这些差异的是两幅山型的**图2-54**。坡度较缓且宽阔的山型对应的分子大小的分布较宽。反之，坡度较大的山型对应的分布比较窄。

茂金属催化剂不仅用于聚乙烯，也应用于**聚苯乙烯**分子的改良。可将100℃就熔化的普通产品改良至能耐270℃高温的优良产品，即被称为**SPS**的具有特殊用途的分子。

“MDPE”比“HDPE”分叉的个数多而且分叉也较长。但是，它与“LDPE”相比，分叉少，密度正好在“LDPE”和“HDPE”的中间。因此它被称为“中密度聚乙烯”

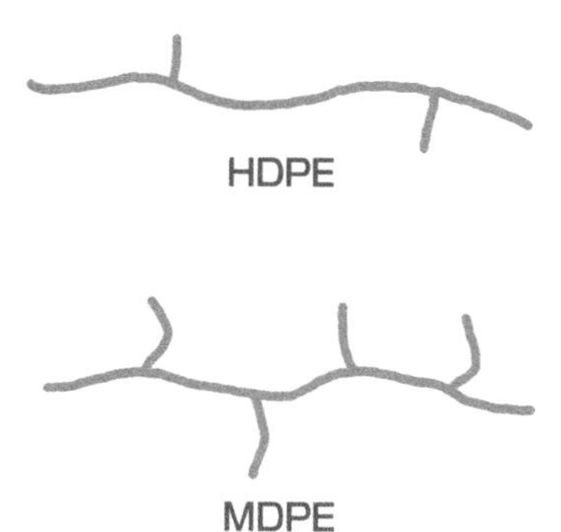

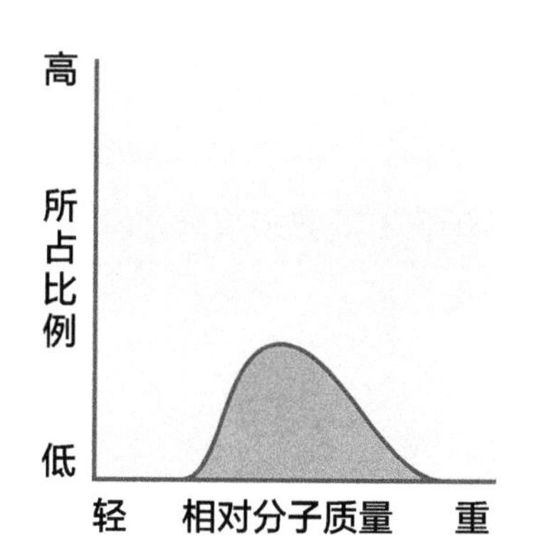

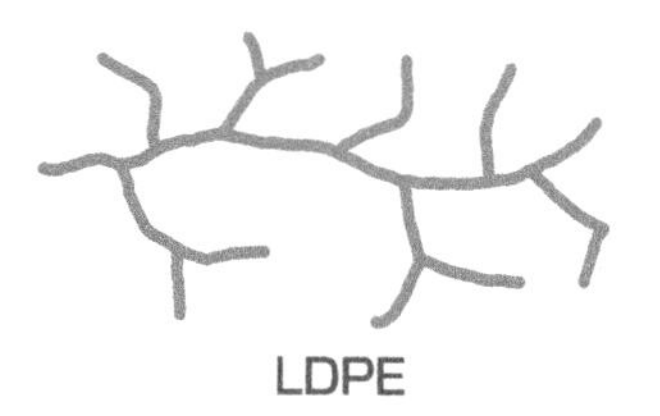

图中显示了由于聚乙烯分子骨架的不同，产品中的相对分子质量和所占比例的关系。
上图为“HDPE”、"MDPE"、"LDPE"等不同相对分子质量分子的分布情况。
下图为称为“LLPDE”的分叉较短的分子的分布。由于合成时“催化剂”的作用，相对分子质量较为集中

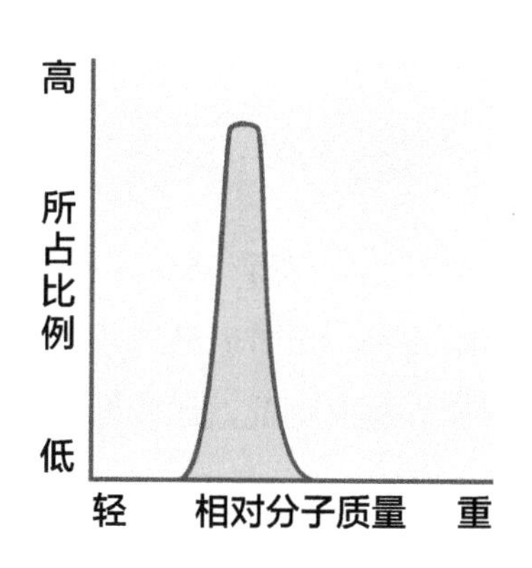

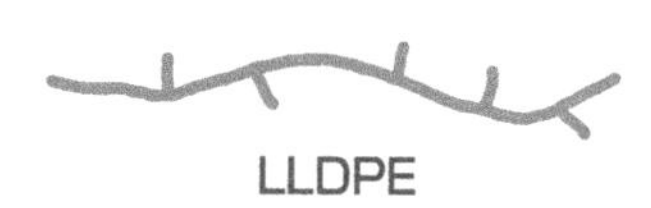

图2-54　分叉程度不同的聚乙烯

2.35 位居日本消费量前三位的塑料是什么？

在列举位居日本国内消费量前三位的塑料之前，先介绍一下塑料的生产量。日本最早生产的塑料恐怕是1889年试验生产的**赛璐珞**了。随后，出现了**硬橡胶**、**酚醛树脂**，1950年又出现了**聚氯乙烯树脂**，生产量猛增。1955年的产量是几十万吨，现在达到1400万吨，增加了近100倍。

图2-55显示了日本塑料工业联盟统计的1975年以来塑料生产量的变化。由图可见，虽然这几十年内不同年份有些小的波动，但整体上几乎是一定的。从中扣除出口部分，如果只算国内消费量，这个数值大约是1100万吨。

接下来，让我们一起来看看这1100万吨的消费量中又包含了什么内容。作为参考资料的是日本塑料工业联盟整理的“不同用途的树脂的消费量”。

日常生活中见到的塑料制品，不外乎是用作食品等的包装袋和容器。其中，塑料瓶是很引人注目的。但是，图中未出现作为塑料瓶原料的聚酯。

事实上，查阅其他资料，聚酯消费量为50万～55万吨，约占全部消费量的2%。可能是这原因吧，**图2-56**中也出现了作为工业用品使用的“不饱和聚酯”的名字。尽管如此，比较图中表示消费量的圆的大小发现，聚酯的位次很靠后。

消费量位于前列的是图2-56左边的四个塑料。但是，如果根据用途来区分，顺序就变了。制造薄膜和薄板使用较多的是**聚乙**

主要塑料的生产量的变化

1995年之前生产量逐年增长，近十年生产量持平。但是根据塑料种类来分，用于包装和容器的塑料“聚乙烯”、“聚丙烯”以及“PET”的生产量逐年增长

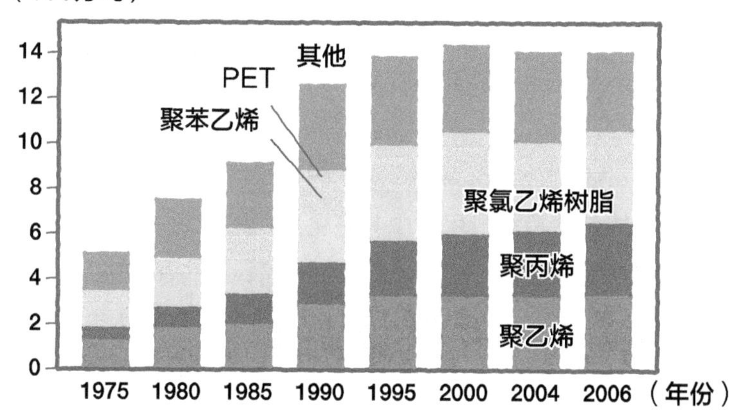

参照日本塑料工业联盟主页(http://www.jpif.gr.jp/2hello/hello.htm)

2006年不同种类的塑料的生产量

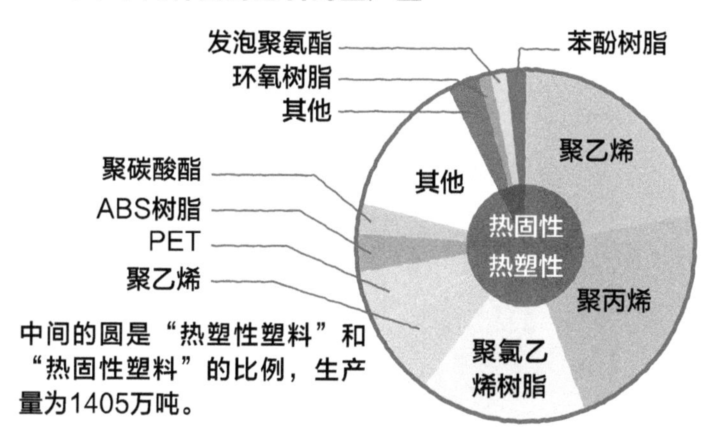

中间的圆是“热塑性塑料”和“热固性塑料”的比例，生产量为1405万吨。

参照社团法人塑料促进协会主页(http://www.pwmi.or.jp/pk/)

图2-55　塑料的生产量

烯和**聚丙烯**，制造管道、接头、建材的使用量占首位的是**聚氯乙烯树脂**，发泡产品中使用的**聚苯乙烯**远比其他的要多。强化品中，四种的用量都几乎是零。这四种塑料都有自己擅长的领域。有的在管道等建筑系列的产品中大显身手，有的在发泡制品中广开门路，更有的不仅仅是在自己的专属领域中大显身手，而且还是各种产品都能加工的全能选手。如果这么区分，对四类塑料的总结如下。

聚氯乙烯树脂，在农业和渔业中使用的薄板、管道、接头、建材、机械部件等非日用品中具有更广泛的应用，在非日用品领域中消费量位于前列。从全体消费量来看，它位于第三。

聚苯乙烯，薄膜、容器以及日用品和发泡产品是其主要的加工领域，是发泡产品中位于首位的塑料，在全体消费量排行中位居第四。

聚丙烯，虽然可被加工成机械零件，但容器和包装品等日用品是其主要的加工领域，是勉强能称为全能选手的塑料，在全体消费量排行中位居第二。

聚乙烯，虽然量上有多少之别，但几乎都能用于日用品和非日用品两个领域，可谓是万能的塑料，且在全体消费量排行位于首位。

这四类塑料，从根据用途区分的消费量来看，被称为“**通用塑料**”。

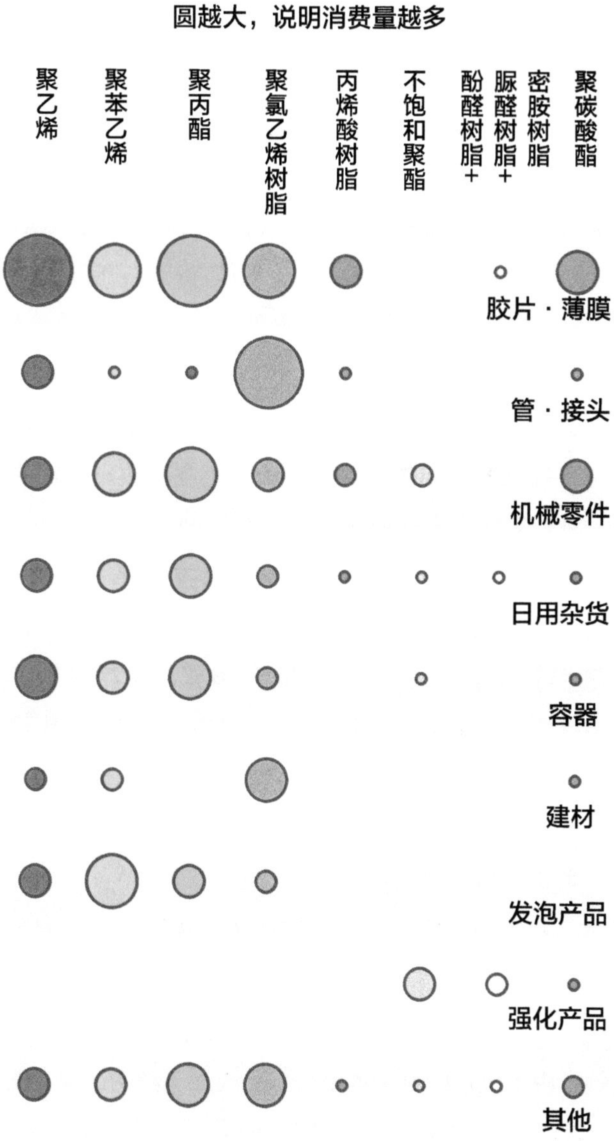

圆越大，说明消费量越多

聚乙烯
聚苯乙烯
聚丙酯
聚氯乙烯树脂
丙烯酸树脂
不饱和聚酯
酚醛树脂+
脲醛树脂+
密胺树脂
聚碳酸酯

胶片·薄膜
管·接头
机械零件
日用杂货
容器
建材
发泡产品
强化产品
其他

参照日本塑料工业联盟主页(http：//www.jpif.gr.jp/2hello/hello.htm)

图2-56　主要塑料根据用途区分的消费量比较

2.36 塑料垃圾怎么处理?

日本的塑料垃圾在分类回收政策实施之前，是和普通的垃圾混合在一起进行**掩埋**或者**燃烧**。但是假如将塑料掩埋，它和纸、金属等不一样，不会被微生物和氧气分解，一直会残留在土壤中。而且，容器类的垃圾，体积大，孔隙多，会使得掩埋地的地基过于松弛。此外，如果在炉子里面燃烧，会排放出有毒的气体，也会有难以燃烧的部分残留，甚至燃烧时放出大量的热会损伤炉子。总之存在很多的问题。

因此实行了将垃圾分门别类利用的回收政策。但是，这样的垃圾回收利用（Recycle）也有问题。

如**图2-57**所示，有三种回收利用方式。**材料回收**：将材料切碎，将其用于再生品的材料上。**热回收**：将塑料固化后用作炉子燃烧的燃料。**化学回收**：将垃圾经化学药剂处理转换成别的物质，将其用于各种其他的用途上。但其最终的用途不外乎上面的两种：一种是产品的原料；另一种是燃料。

不过，和富裕程度相近的德国和法国相比，日本的垃圾再生利用率只有它们的一半，连垃圾总量的一半都不到。剩下的垃圾，一成左右进行掩埋，四成左右进行燃烧处理。

但是，由于垃圾的再生利用需要投入加工经费，也需要消耗新的能源，以至于让人怀疑这是不是有效的利用方法。我觉得，与其产生垃圾后回收利用，不如重复使用产品，减少产品的消耗量，进而减少垃圾的产生量，即“Reuse”。这种想法应该会成为主流吧。

回收利用（Recycle）分为三种：将“塑料垃圾”直接加工成再生品的“材料回收”，分解后分门别类利用的“化学回收”，直接作为燃料的“热回收”

分　类	回收方法	
材料回收 （作为材料的再循环）	再生利用 （直接使用，或制成再生品）	
化学回收 （作为原料的再循环）	原料单体 （分解后成为原料）	
	高炉还原剂 （炼铁等熔矿炉中使用）	
	焦炭炉的原料 （分解后成为原料）	
	化学药品的原料	加工成气或者油类
热回收 （作为燃料的再循环）	作为燃料	
	作为特定的燃料 （用于水泥制造或垃圾发电）	

参照财团法人塑料促进协会主页（http://www.pwml.or.jp/pk/）

图2-57　塑料的回收利用方法

2.37 塑料瓶真的被回收利用了吗?

在日本，PET（**聚酯**）的年消耗量，根据用途来分，塑料瓶为57.7万吨，纤维为48.3万吨，包装用的薄膜和薄板为49.1万吨，另外有20.8万吨被贩卖，能够回收的酒、酱油和饮料的容器，加上进口的2.1万吨，共54.4万吨。2006年的回收量中，由市县村收集的家庭垃圾有26.8万吨，超市等店铺的回收量是9.2万吨，回收率达到66.3%。这个数字远远高于欧洲的36.8%和美国的23.5%。欧洲和美国的年消耗量各自都在250万吨左右。

再者就是回收垃圾的去向问题。经过再生处理回收的垃圾中，家庭垃圾只有14.0万吨，原因是家庭垃圾是有偿回收的。事实上，超市里收集的9.2万吨和家庭垃圾中的12.8万吨垃圾被卖给了日本国内的公司，用作国内塑料再生品的原料。

另外，也有一部分隐性的回收垃圾。这是被另一条回收路线交易的“**PET废物**”。除去塑料瓶以外的22.7%，也达到了22.5万吨，这些都被出口到国外了。其中超过96%出口到中国内地和香港地区，剩下的部分出口到中国台湾和韩国。如果计入这部分回收的垃圾，回收率即可达到88.4%。

进行再生处理的14万吨家庭垃圾，根据其污损的情况分为四类。去掉瓶盖和标签经过水洗的再生利用“**A级**”品，2006年有10.6万吨，占80%左右，为2005年的74%。因为有偿回收的垃圾也被贩卖了，所以其总量也从14.3万吨减少了3万吨。

回收来的塑料瓶，除了14.0万吨的家庭垃圾外，还包含一部

回收利用物品中饮料塑料瓶的量出奇得多。不仅占的比例大，相比于再生利用，回收的塑料瓶的出口量也很大。其中半数是以家庭垃圾的形式回收的。但是，相对于再生利用，原封不动出口的量占了很大份额

（数值以1000吨为单位）

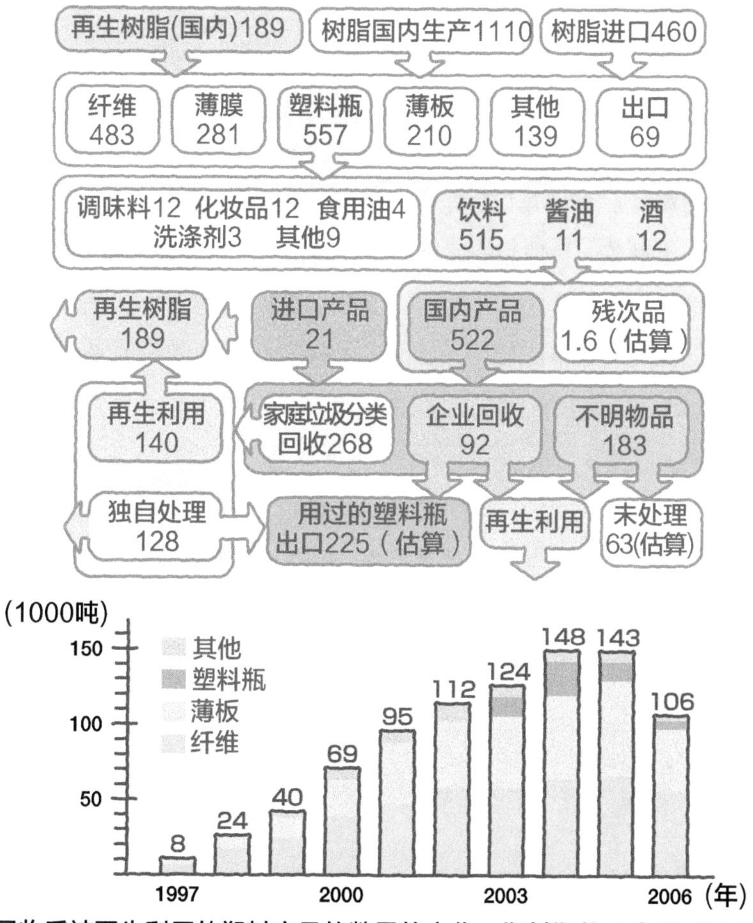

回收后被再生利用的塑料产品的数量的变化。塑料瓶的再生利用是从2003年开始的

参照PET塑料瓶循环推进协议会主页（http://www.petbottle-rec.gr.jp/）

图2-58　塑料瓶再利用的流程（2006年）

分有偿回收的垃圾，整体上已经达到18.9万吨。

如**图2-58**所示，再生品也分成纤维、薄板、塑料瓶和其他四类。这里的**纤维**是指制作各种工作服、制服、手套等衣物，窗帘、地毯及塑料伞、面罩和纸尿布等无纺布的原料等。数量最大，占再生垃圾的52%（2006年）。

薄板：是指用于包装鸡蛋、水果等的透明浅盘，以及文具等。仅次于纤维占再生垃圾的39%（2006年）.

塑料瓶：2003年后生产的塑料瓶使用后可以再次加工成新的塑料瓶，已形成一种理想的循环利用机制。回收后的塑料瓶，经过化学药剂的处理分解成原料单体，可以再度加工成塑料，如用于装洗涤剂、洗发水等非食品的容器。在2006年，占再生垃圾的6%。

其他：晾衣架、花盆、包装带，还有垃圾箱、垃圾袋等杂货。除此之外，下水道的盖子、店铺招牌，甚至涂料的原料等。共占再生垃圾的3%（2006年）。

生产1千克塑料需要花费约60日元，而且还消耗了贵重的石油。因此，人们正在探讨像啤酒瓶和牛奶瓶一样的反复利用的方法。不过，普通的碱水清洗法不能清除油污，在卫生方面存在很大的问题。

自带购物袋和自带筷子的人多起来了，如果**自带瓶子**那又如何呢？

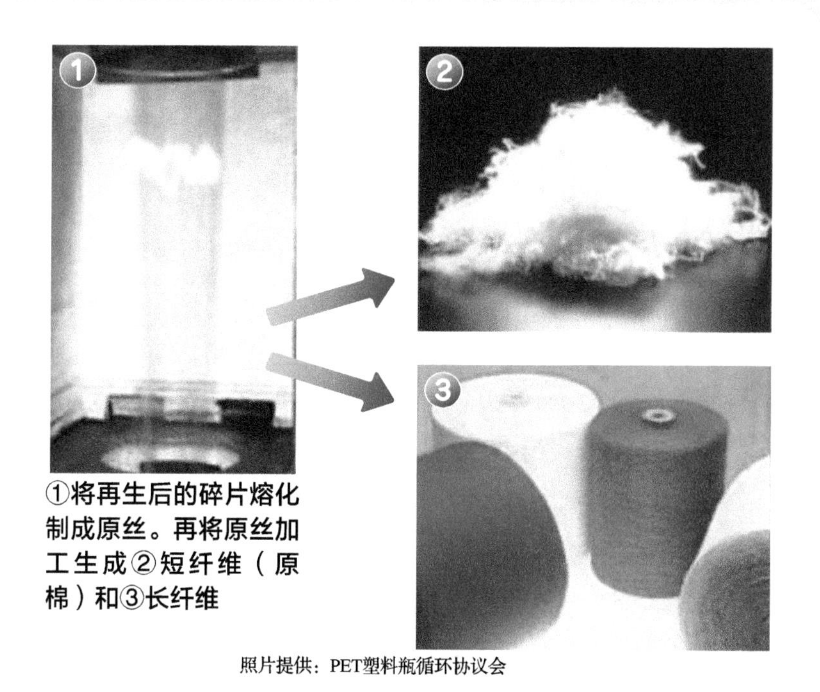

照片提供：PET塑料瓶循环协议会

图2-59　塑料瓶再生加工为纤维制品的流程

column　再生纤维是这样制成的

除去瓶盖和标签，用水清洗干净内部后，塑料瓶可被加工成纤维。

首先将塑料瓶在90℃的热碱水中清洗20min。然后在热风中干燥，并切成边长为8mm的碎片。由于碎片中混杂有比水密度小的“聚乙烯”、“聚丙烯”，故将其移到水槽当中，分离掉漂浮的碎片。接下来，由于铝罐等的碎片也有混入进来的，因此需要使用电气的处理方法除去。接着，用有机溶剂去除贴标签用的胶水，干燥后，终于成为能够用于加工成纤维的原料了。

纤维的加工中，丝是必要的。在“纺线机”中把碎片加热成液体。液体从机器前端的细孔中被拉出，制成“原丝”。将其进一步加工，可制成短纤维或者长纤维。使用这些纤维，可以加工衣服或者地毯等用的布料。

2.38 去石油化能走多远？

除了有效利用资源外，减少不断增加的塑料垃圾，不使用石油等化石燃料来制造产品的方式被称为“**去石油化**”。也就是不使用古代生物留下来的遗产而是使用现在的生物。以去石油化为目标开发出来的塑料有两种。

一种是将现有的塑料原料从石油替换成生物原料，即**生物塑料**。比如将从天然生物提取出来的淀粉或纤维素等高分子直接作为**淀粉树脂、醋酸纤维素**等塑料的原料。还有将从玉米或棉花等的植物中提取出来的单体作为高分子原料，经化学合成制成**聚乳酸**（PLA），以及利用发酵即微生物的能量生产活动在微生物体内合成的塑料的高分子原料——**聚羟基脂肪酸酯（PHA）**。

除了这些方法，人们也能通过调整原料比例来尽可能实现去石油化。例如，淀粉树脂和聚乳酸等原料是无法全部从天然物中得到的，所以现阶段的多种原料中，也有只是一部分被替换成天然提取物的。

例如，将利用微生物发酵得到的原料和从石油中制得的**对苯二甲酸**（塑料瓶原料的一种）合成制得的**PTT聚酯**。此外，还有将从淀粉和纤维素中得到的葡萄糖经过化学处理制得的**琥珀酸**，再将其与用石油制得的原料合成制成的**PBS**。

总之，“生物塑料”需要具有不使用石油就能制造大量包装和容器、日用品的性质。其中，醋酸纤维素在1930年左右实现工业化生产，并应用到“**醋酸纤维**”和薄膜等的产品中，有代替**聚**

该表显示了“生物塑料”、“石油塑料”的“生物分解性”和“非生物分解性”之间的关系，这两个大类里都有具备生物分解性的和不具备生物分解性的塑料

原料 / 生物分解性	生物塑料	石油塑料
✕ 无	PTT 聚氨酯 大豆多元醇	聚乙烯　聚氯乙烯树脂 聚丙烯　酚醛树脂 聚苯乙烯　其他很多
○ 有	PHA 聚乳酸（PLA） 淀粉树脂	脂肪族聚酯 芳香族聚酯

参照财团法人日本有机资源协会主页 (http://www.jora.jp/txt/katsudo/)

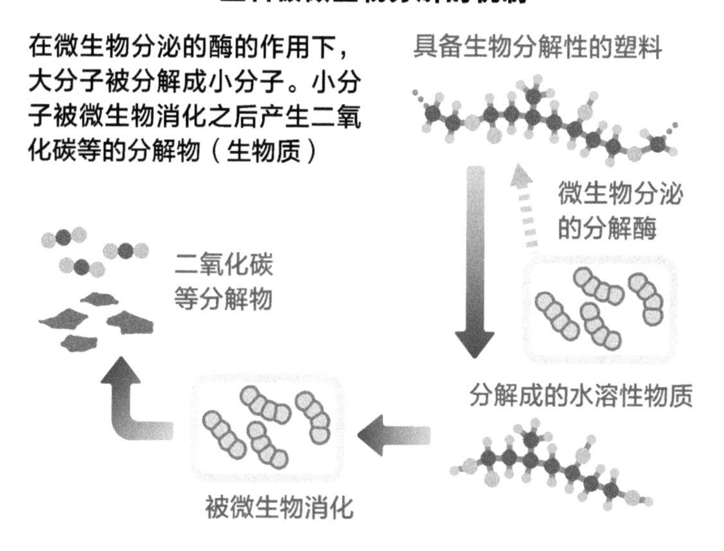

图2-60　被微生物分解的塑料

乙烯和**聚苯乙烯**的可能性。同样，具有"**生物分解性** "的淀粉树脂，也是应用在薄膜和日用杂货的生产加工中的"生物塑料"。

这里解释一下大家对"生物分解性塑料"的误解。即使是替换成从生物体中提取的原料，也有微生物无法分解的。例如，**PTT**和以大豆作为原料的**大豆多元醇**、**聚氨酯**等就无法分解。

生物应该是死亡之后腐烂，最终归为泥土，成为新生植物的肥料。为什么会有微生物能分解和不能分解之分呢？请想一下石油和煤炭，也是由没有被分解残留下来的物质在地下的深处转变而来的。事实上，普通的微生物能分解的也就是植物中含有的淀粉、纤维素，还有组成动物体的胶原蛋白、蛋白质和角质等"大分子"。胶原蛋白是皮肤和骨骼的组成成分，角质是蟹和虾、昆虫之类的壳的成分。

模仿这些"大分子"制得的**生物分解性塑料**有**聚酯**、**聚酰胺**（尼龙）、**聚醚**等。例子有 **PBS** 和聚酯系的 **PLA** 。

顺便提一句，**PLA**是使用玉米淀粉经发酵制得的乳酸合成的。PLA与玻璃和槿麻之类的纤维混合后，就能制得透明且有弹性的产品，可用于手机和笔记本电脑等的加工中。

下图表示的是在“聚苯乙烯”（PS）中混合“聚乳酸”（PLA）制成的材料的显微镜照片。左图是未均匀混合的状态，右图是均匀混合后的改良品。聚乳酸在聚苯乙烯中为大小不同的圆形颗粒状态

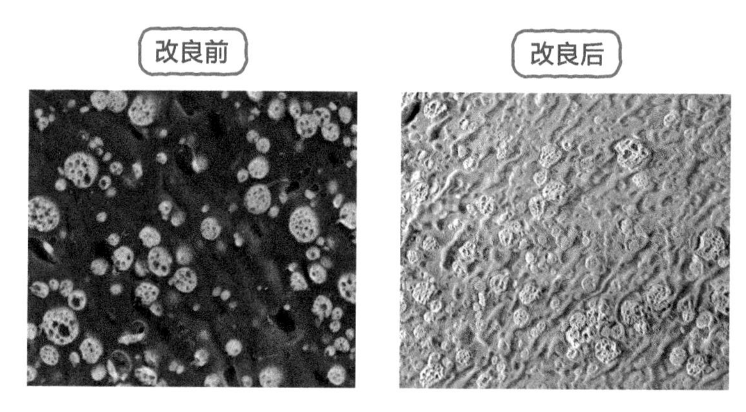

照片提供：夏普

图2-61　聚乳酸的应用

column　不断改良的生物分解性塑料

以植物为原料的生物塑料，具有生物分解性，而且燃烧后也只是变成二氧化碳，是一种环境友好型材料。但是，阻碍其实用化的最大难题是制品的强度。

现在已经有在具有生物分解性的聚乳酸中混合玻璃或槿麻等的纤维的改良方法。但是，玻璃的加入牺牲了生物降解性这一性质。现在，对既不牺牲可循环特性又能提高产品强度的改良方法的研究很盛行。下面就介绍其中的一个例子。

这个例子不是采取混合纤维的方法，而是通过混合其他塑料来增补其性质的改良法。话虽如此，但将形状迥异的“大分子”均匀混合可不是一件简单的事情。其中，需要利用“增溶剂”将两种分子变得能和谐相处。这是效仿能使水和油混合的“表面活性剂”的物质。使用能将“聚苯乙烯”和“聚乳酸”结合，完善“聚乳酸”性质的物质后，便能像图2-61的照片一样完美地将两者均匀混合。

参考文献

◎综合讲解塑料的入门图书与网址

『プラスチックの使いこなし術』 森本孝克著（工業調査会、1997年）

『プラスチックの文化史～可塑性物質の神話学』 遠藤 徹著（水声社、2000年）

『トコトンやさしいプラスチックの本』 本山卓彦、平山順一著（日刊工業新聞社、2003年）

『図解雑学プラスチック』 佐藤 功著（ナツメ社、2005年）

『プラスチックとは』 ポリオレフィン等衛生協議会（http://www.jhospa.gr.jp/contents/f_pt.html）

◎讲解稍微详细一些、稍微专业一些的入门图书

『プラスチックの実際知識（第4版）』 藤井光雄、垣内 弘著（東洋経済新報社、1985年）

『プラスチック活用ノート（三訂版）』 伊保内賢編（工業調査会、1998年）

月刊誌『プラスチックス』（工業調査会）

◎面向有意拓展塑料知识的读者的专业图书与网址

『プラスチックフィルム（第2版）』 沖山聰明編著（技報堂出版、1995年）

『機能性プラスチックが身近になる本』 竹本喜一、飯田 襄著（シーエムシー出版、2004年）

『機能性プラスチック』 特許庁（http://www.jpo.go.jp/shiryou/s_sonota/map/kagaku18/frame.htm）

◎其他参考用百科全书、词典（包括CD-ROM）与网址

『朝日現代用語「知恵蔵」』 朝日新聞事典編集部編（朝日新聞社、2007年）などの用語辞典

『世界大百科事典』 平凡社編（平凡社）

『日本大百科全書』 小学館編（小学館）

『高分子科学史年表』 社団法人高分子学会（http://www.spsj.or.jp/nenpyo/kagakushi.htm）

『デュポン200年の軌跡』（http://www2.dupont.com/DuPont_Home/ja_JP/history/history_index.html）

各新聞（全国紙・地方紙）の科学欄や経済欄の記事